U0169691

FPGA 技术基础工程实践

——基于 Vivado 与 Verilog HDL

胡迎刚　编著

西南交通大学出版社

·成　都·

内容简介

本书以应用型人才实践动手能力培养为目标，基于 OBE 理念，以结果导向为引导，融入最新的项目化、口袋实验室、翻转课堂等教学方法，打破传统教材内容从概念讲解、语言语法语句介绍到案例应用的惯性设计思路，调整为直接从项目应用设计任务完成过程中，引出对应概念、语法语句，体现"做中学""用中会"的高效率应用型课堂教学理念。

主要内容包含 EDA 技术概述、FPGA 内部结构、Vivado 应用向导、Verilog HDL 快速入门、IP 核设计与实现、数字系统设计案例。

书中所有应用项目均基于 XILINX 最新的 FPGA 硬件平台和最新的开发环境 Vivado 实现，重点凸显 IP 核的应用技巧、Verilog HDL 基本语法结构以及典型数字系统设计方法。本书配备了辅助教学资料，非常适合作为应用型本科院校学生的教材。

图书在版编目（ＣＩＰ）数据

FPGA 技术基础工程实践：基于 Vivado 与 Verilog HDL / 胡迎刚编著. —成都：西南交通大学出版社，2020.10
ISBN 978-7-5643-7739-7

Ⅰ. ①F… Ⅱ. ①胡… Ⅲ. ①现场可编程门阵列 – 系统设计②VHDL 语言 – 程序设计 Ⅳ. ①TP332.1②TP312.8

中国版本图书馆 CIP 数据核字（2020）第 195361 号

FPGA Jishu Jichu Gongcheng Shijian
——Jiyu Vivado yu Verilog HDL

FPGA 技术基础工程实践
——基于 Vivado 与 Verilog HDL

胡迎刚 / 编著　　　　　责任编辑 / 王　蕾
　　　　　　　　　　　封面设计 / 原谋书装

西南交通大学出版社出版发行

（四川省成都市金牛区二环路北一段 111 号西南交通大学创新大厦 21 楼　　610031）
发行部电话：028-87600564　　　028-87600533
网址：http://www.xnjdcbs.com
印刷：四川煤田地质制图印刷厂

成品尺寸　185 mm×260 mm
印张　15　　字数　319 千
版次　2020 年 10 月第 1 版　　　印次　2020 年 10 月第 1 次

书号　ISBN 978-7-5643-7739-7
定价　39.80 元

课件咨询电话：028-81435775

前言 PREFACE

《FPGA 技术基础工程实践》一书是作者在长期从事 EDA 教学、科研工作的经验总结，书中内容紧跟技术发展前沿，紧跟社会对 FPGA 技术人才需求的不断变化而设置，且以应用型人才实践动手能力培养为目标，符合应用型人才培养要求。本书着眼于简单、快速、高效地让读者进入 FPGA 技术世界，轻松掌握 FPGA 的开发设计技术、为广大零基础的读者提供入门级的学习资料，也为有一定基础的 FPGA 使用者提供进阶级的学习指导。

本书创新与特色：

1. 项目贯穿，"做中学"，轻知识点而重知识点应用。

教材以 20 多个难易程度层次递进的工程任务项目贯穿各个章节，没有编写关于 Verilog HDL 语法语句的章节，而是把基本概念知识点隐含于各个项目中，在完成项目过程中，引出项目涉及的语法知识，更有利于学生理解、掌握，真正体现"做中学"特色，学习效果较传统教材内容先概念、后应用具有明显提高。学生学习产出不再是掌握了枯燥的语法语句等概念，关注知识点本身，而是学会了如何应用，大大提高了知识的应用能力。

2. 理实一体，凸显应用能力培养。

教材项目化设置，非常适合理实一体教学，在完成任务过程中，讲解理论知识，再辅以更高层次的应用实践，实践—理论—实践交替进行，充分保证应用型的教学效果。

全书共分为 5 章，主要是以 Xilinx 公司的 FPGA 和最新的集成开发环境 Vivado 2019.2 为核心，深入浅出地介绍了 FPGA 技术基础应用技巧和系统设计方法。第 1 章主要介绍 FPGA 技术概念、内部结构、工作原理，了解 EDA 技术相关概念及设计流程（2 学时）；第 2 章介绍 Vivado 软件的安装和使用方法（4 学时）；第 3 章是全书的重点，通过设置 6 个项目，以案例式讲解 Verilog HDL 的基本语言、结构、常用语句完成典型数字电路设计方法，以达到做中学目的；第 4 章介绍 IP 核的设计使用方法，介绍 Vivado 提供的常用 IP 核定制流程，自定义 IP 核基本方法等；第 5 章通过设置 4 个具体时序设计案例，强化基于 FPGA 和硬件描述语言开发数字系统的能力。

本书适合于电子、通信、自动化等电子信息类专业和计算机技术应用类专业本、专科的 EDA 技术、FPGA 技术开发相关课程教材，也可以作为 FPGA 应用入门的自学参考书。书中的概念和理论参考了的某些参考文献，在此对原著书籍的作者们表示感谢。由于本人水平有限，书中难免出现错误和遗漏，希望读者批评指正。

联系方式：四川省成都市郫都区团结镇学院街 65 号

邮编：611745

邮箱：hyg_scgsxy@126.com

胡迎刚

2020 年 1 月

于四川工商学院

目录

CONTENTS

第 1 章 FPGA 技术概述

本章主要内容包括数字技术发展历史、EDA 技术简介、硬件描述语言介绍、FPGA 基本结构及工作原理。主要为开始 FPGA 学习做必要的概念铺垫，本章内容作为一般了解即可，也可作为学生自学内容。

1.1 数字技术发展历史

在计算机世界中，归根到最底层的计算，只有两种状态，既数字电路的开和关，对应于二进制数字"1"或"0"。任何最强大的计算机、最繁杂的计算也最终都是用通过 1 和 0 来实现的。这实际上暗合了中国古典哲学的"阴阳"，"1"和"0"生万物哲学。现在我们就一起来回顾一下数字逻辑电路的发展历程、实现基本理论和典型成果。

数字技术（Digital Technology）是一项与电子计算机相伴相生的科学技术，通过特殊设备，将各种信息（包括图、文、声、像等）转换为电子计算机能识别的二进制数字"0"和"1"，然后进行运算、加工、存储、传送、传播和还原的技术。

用数字信号完成对数字量进行算术运算和逻辑运算的电路称为数字电路，或数字系统。由于它具有逻辑运算和逻辑处理功能，所以又称数字逻辑电路。数字技术的发展历程与模拟电路一样，经历了由电子管、半导体分立器件到集成电路的几个时代，但其发展比模拟电路更快。从 20 世纪 60 年代开始，数字集成器件以双极型工艺制成了小规模逻辑器件。随后发展到中规模逻辑器件。20 世纪 70 年代末，微处理器的出现，使数字集成电路的性能产生质的飞跃。

1. 真空管

1904 年，英国人佛来明（J.A. Fleming）博士发明了真空二极管；1907 年，德国人德福雷斯特（Lee Do Forest）将二极管加以改良，发明了真空三极管。在数字电路的发展初期，第一代电子电路都是由抽成真空的巨大的玻璃管组成的，所以叫真空管。真空管是利用灯丝或电路板的两极来发射电子束来控制电流。然而，并非所有的管都被抽空，一些使用气体的和较小的管使用光敏材料和磁场来控制电子的流动。它们都有共同点：价格昂贵，消耗大量电力并散发出巨大热量。它们也非常不可靠，使用中需要大量的维护。而且它们的尺寸很大，难于制造更小型的"计算机"。

2. 晶体管

1947 年 12 月 23 日，美国贝尔实验室正式成功地演示了第一个基于锗半导体的具有放大功能的点接触式晶体管，标志着现代半导体产业的诞生和信息时代的开启。晶体管可以说是 20 世纪最重要的发明。

严格地说，晶体管泛指一切的单个半导体元件，经常用来指代半导体材料制成的三极管、场效应管，等等。它的英文名字是 transistor，来自 trans-resistance（即 transfer resistance），也就是所谓的"跨阻"，指的是输出端电压变化与输入端电流变化的比值（单位是欧姆），反映了输入对输出的影响能力。

3. 集成电路

集成电路（integrated circuit，见图 1.1）是一种微型电子器件或部件。采用一定的工艺，把一个电路中所需的晶体管、电阻、电容和电感等元件及布线互连一起，制作在一小块或几小块半导体晶片或介质基片上，然后封装在一个管壳内，成为具有所需电路功能的微型结构；其中所有元件在结构上已组成一个整体，使电子元件向着微小型化、低功耗、智能化和高可靠性方面迈进了一大步。1959 年，德州仪器（Texas Instruments）的杰克基尔比（Jack Kilby）是世界上最早向世界展示将很多这些晶体管放在单个晶圆（硅片）上的人之一，他为第一个 IC 或集成电路申请了专利。

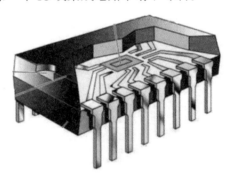

图 1.1　集成电路结构

4. 摩尔定律

20 世纪 50 年代，飞兆半导体和英特尔的联合创始人戈登·摩尔（Gordon Moore）发表了一篇论文，指出每个集成电路的元件数量将在未来十年每年增加一倍。1975 年，他回顾了他的预测，并表示组件的数量现在每两年增加一倍。这就是著名的摩尔定律。

几十年来摩尔定律一直被验证是正确的。而且摩尔定律一直在指导芯片制造和设计。

英特尔和 AMD 的研究人员一直以来都是根据摩尔定律设定目标和指标。由于摩尔定律迫使芯片设计的长足发展，计算机也变得越来越小。摩尔定律不仅仅是一种预测，它已成为制造商旨在实现的目标和标准。

1971 年第一个半导体采用的是 10 μm 工艺。到 2001 年，它是 130 nm，是 1971 年的近 1/80。截至 2017 年，最小的晶体管工艺为 10 nm，相比较人头发直径是 100 μm，比晶体管大近 10 000 倍。

摩尔定律危机：随着大规模电路的发展，晶体管越来越小，集成数量成几何级增加，其制造工艺却越来越难了。克服这些技术和工艺壁垒不仅需要大量的时间和人力，还需要大量的资金和投资。因此，摩尔定律中的时间也逐渐放缓，甚至它可能会很快不成立，摩尔定律危机爆发（当然如果没有巨大变革这是必然的）。英特尔花了大约两年半的时间才从 2012 年的 22 nm 工艺发展到 2014 年的 14 nm 工艺，之后 10 nm 的研究和开发一直就问题不断，多次延迟，不过好消息是 AMD 7 nm 的显卡和 CPU 已经上市。因为摩尔定律不是真正的定律，只是一种预测或推测。尽管芯片制造商一直致力于实现并保持目标，但这样做变得越来越困难。

5. 量子计算

随着电子元件越来越小（纳米级），量子特性和效应逐渐显现。随着晶体管尺寸不断缩小，其 PN 结耗尽层的尺寸也越来减小。耗尽层非常重要，其用于阻止电子的流动。研究人员通过计算得出，由于电子在其耗尽区中的隧道效应，小于 5 nm 的晶体管将无法阻止电子流动。由于隧穿，电子将不会感知耗尽区域，直接"跨穿"。如果不能阻止电子流动，晶体管就会失效。此外，我们现在正在慢慢接近原子本身的大小，理论上我们不能建立一个比原子小的晶体管。硅原子的直径约为 1 nm，现在我们制造的晶体管的栅极尺寸约为该尺寸的 10 倍。就算是不考虑量子效应的，我们也将达到晶体管的物理极限，无法做到更小。

未来最可能的解决方案是发展量子计算（Quantum Computers）。像 D-Wave 和 Rigetti Computing 这样的公司正在这个领域广泛开展工作，量子计算已经显示出巨大的前景，它的优势是一次可以拥有多个状态（与其他计算机 "0" "1" 不同）。目前，有些实验性质的量子计算已经取得很好的成果，比如基于量子技术的真正的随机数算法已经成功。

1.2 EDA 技术简介

随着微电子技术的不断进步，大规模集成电路加工技术的不断提高，即半导体工艺技术的不断提高，现代电子设计技术取得了长足发展。20 世纪 90 年代，电子设计自动化（Electronic Design Automation，EDA）技术的出现，极大地提高了现代电子系统设计的效率和可靠性，使功能多样化、体积小型化、功耗最低化的当代电子系统设计要求得以满足，EDA 技术也成为现代电子设计技术的核心。

1.2.1　EDA 技术概念

　　EDA 技术作为现代电子设计技术的核心，它是以微电子技术为物理层面，计算机软件技术为手段，实现集成电子系统或专用集成电路 ASIC（Application Specific Integrated Circuit）设计的一门新兴技术，其最终目标是实现 ASIC 的设计。

　　EDA 技术从概念上有狭义和广义之分，狭义的 EDA 技术，是指以可编程逻辑器件（Programmable Logic Device，PLD）为设计载体，以硬件描述语言（Hardware Description Language，HDL）为系统逻辑描述的主要表达方式完成设计文件，在计算机及 EDA 软件工具平台上，自动完成系统逻辑编译、化简、分割、综合、优化和仿真，直至下载到可编程逻辑器件，最终实现既定的电子电路设计技术。

　　EDA 技术主要面向两大类人员使用，一类是专用集成电路 ASIC 的芯片设计研发人员；另一类是广大的电子线路设计人员，即不具备集成电路深层次知识的设计人员。本书所阐述的 EDA 技术以后者为应用对象，这样，EDA 技术可以简单理解为以大规模可编程逻辑器件为设计载体，设计者用硬件描述语言来编写设计文件，并输入给相应的 EDA 开发软件，经过编译和仿真，最终下载到设计载体中，完成系统电路设计任务的一门新技术。

　　利用 EDA 技术进行电子系统设计，它具有以下几个特点：

　　（1）用软件的方式设计硬件。

　　（2）用软件方式设计的系统到硬件系统的转换是由相关的开发软件自动完成的。

　　（3）设计过程中可用相关软件进行各种仿真测试。

　　（4）系统可现场编程、在线升级。

　　（5）整个系统可集成在一个芯片上，体积小、功耗低、可靠性高。

　　综上所述，EDA 技术将是现代电子设计的发展趋势。

　　广义的 EDA 技术，除了狭义的 EDA 技术内容外，还包括计算机辅助分析技术（如 MATLAB、EWB 等），计算机辅助设计 CAD（Computer Assist Design）技术（如 Protel、OrCAD 等）。计算机辅助分析和计算机辅助设计均不具备逻辑综合和逻辑适配的功能，因此它们并不能成为严格意义上的 EDA 技术。EDA 技术应该包含三个层次的内容，首先是 EWB、Protel 的学习作为 EDA 的最初级内容；其次是利用 HDL 完成对大规模可编程逻辑器件的开发作为 EDA 的中级内容；最后以 ASIC 的设计作为 EDA 技术的最高级内容。

1.2.2　EDA 技术发展历史

　　EDA 技术作为现代电子设计技术的核心，不仅在硬件实现方面融合了大规模集成电路制造技术、IC 版图设计技术、ASIC 测试和封装技术、FPGA（Field Programmable Gate Array）/CPLD（Complex Programmable Logic Device）编程下载技术、自动测试技术等；在计算机辅助工程方面融合了计算机辅助设计（CAD）、计算机辅助制造（CAM）、计算机辅助测试（CAT）、计算机辅助工程（CAE）技术以及多种计算机语言的设计概念；还包含了现代电子学中的电子线路设计理论、数字信号处理技术、数字系统建模和优化技术以及基于微波技术的长线技术理论等。因此，EDA 技术不再是某一单一学科的分支，或某种新的技能技术，而是一门综合性学科。它融合多学科于一体，又渗透于各学科之中，模糊了传统软件和硬件间的界限，使计算机软件技术与硬件实现、设计效率和产品性能合二为一，真正代表了电子设计技术和应用技术的发展方向。有专家预言，EDA 技术将会是对 21 世纪产生重大影响的十大科学技术之一。

正因为 EDA 技术丰富的内容以及与电子技术各个学科领域的相关性，其发展历程与计算机、集成电路、电子系统设计的发展是同步的，主要经历了计算机辅助设计（CAD）、计算机辅助工程（CAE）设计和电子系统设计自动化（EDA）3 个阶段。

1. 计算机辅助设计（CAD）阶段

20 世纪 70 年代，随着中、小规模集成电路的出现和应用，传统的手工制图设计印制电路板和集成电路的方法已无法满足设计精度和效率的要求，人们开始利用计算机取代手工劳动，辅助进行集成电路版图编辑、PCB 布局布线等工作，这就产生了第一代 EDA 工具。受当时计算机技术的制约，能支持的设计工作有限且性能也比较差。

2. 计算机辅助工程（CAE）阶段

20 世纪 80 年代，第一个个人工作站（Apollo）计算机平台的出现，推动了 EDA 工具的迅速发展。为了满足电子产品在规模和制作上的需求，出现了以计算机仿真和自动布线为核心技术的第二代 EDA 技术。具有自动综合能力的 CAE 工具代替了设计师的部分设计工作，实现了以软件工具为核心，通过这些软件完成产品开发的设计、分析、生产、测试等各项工作。而在 80 年代末，出现了 FPGA，CAE 和 CAD 技术的应用更为广泛，它们在 PCB 设计方面的原理图输入、自动布局布线及 PCB 分析，以及逻辑设计、逻辑仿真、布尔方程综合和化简等方面担任了重要的角色，特别是各种硬件描述语言的出现及其在应用和标准化方面的重大进步，为电子设计自动化必须解决的电路建模、标准文档及仿真测试奠定了基础。

3. 电子系统设计自动化（EDA）阶段

20 世纪 90 年代，设计师们逐步从使用硬件转向设计硬件，从电路级电子产品开发转向系统级电子产品开发。随着硬件描述语言的标准化得到进一步的确立，计算机辅助工程、辅助分析、辅助设计在电子技术领域获得了更加广泛的应用。与此同时，集成电路设计工艺的高速发展，已经步入了超深亚微米阶段，近千万门以上的大规模可编程逻辑器件的陆续面世，以及基于计算机技术的面向用户的低成本大规模 ASIC 设计技术的应用，促进了真正 EDA 技术的形成。

进入 21 世纪，随着各 EDA 公司致力于推出兼容各种硬件实现方案和支持标准硬件描述语言的 EDA 工具软件的研究，EDA 技术正向着功能强大、简单易学、使用方便的方向发展。新一代 EDA 开发工具的发布，新一代大规模可编程逻辑器件的问世以及价格的不断降低，使得 EDA 技术正在逐步走进人们生活中的各个领域。

1.2.3　EDA 技术设计流程

运用 EDA 技术对 FPGA/CPLD 进行开发设计的一般流程如图 1.2 所示，主要包括设计输入（原理图/HDL 文本编辑）、设计处理（编译和检查、综合、适配）、仿真、编程下载、硬件测试等几个阶段。整个设计过程，基本上都在 EDA 软件平台上完成，每个阶段都有相应的基于计算机环境的 EDA 工具的支持。常用 EDA 工具大致可以分为 5 个模块：设计输入编辑器、HDL 综合器、适配器、仿真器、下载器。

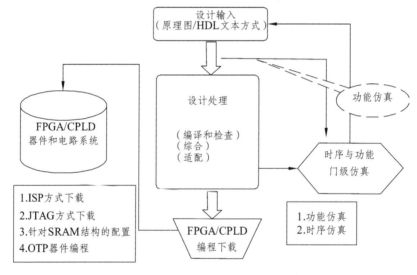

图 1.2　EDA 设计流程

1. 设计输入

从图 1.2 中可以看出，任何一项工程设计均是从设计输入开始，其功能是用一定的逻辑表达手段将设计表达出来，输入计算机及 EDA 开发工具，为后续设计的处理提供一个设计基础。通常，设计输入时使用的 EDA 工具主要包含图形编辑器和文本编辑器两种类型，即设计者可以用图形方式或文本方式将设计表达出来，为逻辑综合做准备。

（1）图形输入。

图形输入通常包含原理图输入、状态图输入和波形图输入三种方式。

原理图输入方法：利用 EDA 工具提供的图形编辑器以原理图的方式进行的输入。这是一种最直接的设计输入方式，它使用软件系统提供的元器件库及各种符号和连线画出设计电路的原理图，原理图由逻辑器件和连线构成，这些器件包括类似与门、或门、非门、触发器、74 系列器件和类似 IP 的功能块等。原理图输入的优点是比较容易掌握，直观且方便，绘图方法类似于 Protel 原理图的绘制（但这种原理图和 Protel 画的原理图有本质的区别），设计者可以利用基本的数字电路的知识便可以进行电子线路在 FPGA 中的实现，而不需要增加诸如 HDL 等新的相关知识。然而，原理图输入法的优点同时也成为它的缺点：① 随着设计规模增大，设计的易读性迅速下降，对于原理图中密密麻麻的电路连线，极难弄清电路的实际功能。② 原理图一旦完成，电路结构的改变将十分困难，因此几乎没有可以再利用的设计模块。③ 由于图形文件的不兼容性，电路模块的移植困难、入档困难、交流困难，因为缺乏一个统一的标准化的原理图编辑器。④ 由于在原理图中已经确定了设计系统的基本电路结构和元件，留给综合器和适配器的优化选择空间十分有限，难以实现面积、速度以及不同风格的综合优化。因此，原理图输入方法大多用于设计者对系统及各个部分电路很熟悉的情况。

状态图输入方法：主要是利用 EDA 工具的状态图编辑器，用绘制状态流程图的方式进行输入。当设置好时钟信号名、状态转换条件、状态机类型等要素后，EDA 编译器和综合器就能将此状态变化流程图编译综合成电路网表，还可以自动生成 VHDL 程序。这种设计方法可以简化状态机的设计难度，常常用于状态机电路的设计。

波形图输入方法：是将待设计的电路看成是一个黑盒子，在波形编辑器中，只需告诉 EDA 工具黑盒子电路的输入和输出时序波形图，EDA 工具便可以据此完成相应功能电路的设计。波形图输入主要用于建立和编辑波形设计文件，输入仿真向量和功能测试向量，适用于时序逻辑和有重复性的逻辑函数。

（2）文本输入。

文本输入是指在 EDA 工具的相应文本编辑器中，将使用了某种硬件描述语言的电路设计文本，如 VHDL 或 Verilog HDL 的源程序代码，进行编辑输入的方式。这种方式与传统的软件语言编辑输入大同小异，只是这里的硬件描述语言是设计硬件电路，而非软件语言的程序设计。文本输入方法可以克服原理图输入方法所存在的所有弊端，它是 EDA 技术中最基本、最有效和最通用的输入方法。

实际上，在 EDA 技术的实际应用中，文本输入和原理图输入是可以混合使用的，即在原理图中的底层元件符号，可以用文本方式设计完成；顶层设计一般均采用原理图设计输入方式。

2. 设计处理

设计处理是 EDA 设计中的核心环节，该过程智能化、自动化的实现从设计输入到最终硬件实现的全过程。在设计处理阶段，编译软件将对设计输入文件进行逻辑化简、综合、优化并根据设计者选择的具体器件自动进行适配，最终产生一个编程文件。设计处理主要包含设计编译和检查语法错误、逻辑综合、适配、布局和布线、生成编程数据文件等过程。

（1）编译和检查。

设计输入完成后，首先进行编译，在编译过程中进行语法错误检查，如检查原理图的信号线有无漏接，信号线端口名是否有重复，文本程序代码的关键字有无错误，使用语句结构是否规范，是否符合相应语言的语法规则等等。如果有错，会及时标出错误的位置，供设计者修改、纠正。

（2）综合。

经过编译和检查无误的设计输入文件，便可以进入到综合阶段。所谓综合(Synthesis)，就是将电路的高级语言（如行为描述、原理图或状态图描述）转换为低级的，可与FPGA/CPLD 的门阵列基本结构相映射的网表文件或程序。逻辑映射的过程就是将电路的高级描述，针对给定硬件结构组件，进行编译、优化、转换和综合，最终获得门级电路甚至更低层次的电路描述文件。

实际上，综合功能完全是在 EDA 工具——综合器中完成的。显然，综合器就是能够自动将一种设计表述形式向另一种设计表述形式转换的计算机程序，或协助进行手工转换的程序。它可以将高层次的表述转换为低层次的表述，可以将用行为表述的设计文件转换为具体的电路结构，可以将高一级抽象的电路（如算法级）转换为低一级的门级电路，并可以用相应的技术进行实现。在这里，综合的整个过程实际上共分为四步来完成：

① 将自然语言转换到 VHDL 语言算法，即自然语言综合。

② 从算法表示转换到寄存器传输级（ Register Transport Level，RTL ），即从行为域到结构域的综合——行为综合。

③ 从 RTL 级表示转换到逻辑门（包含触发器）的表示，即逻辑综合。

④ 从逻辑门表示转换到版图表示，或转换到 FPGA 的配置网表文件，即结构综合。

为了能更好地理解综合的过程和功能，可以将其与传统的软件程序编译器进行对比。从表面上看，我们熟悉的软件程序代码到可执行文件的产生，是通过编译器完成的，其过程可以理解为软件程序语言到机器语言的"翻译"过程；综合器和编译器都不过是一种"翻译器"，它们都能将高层次的设计表达转换为低层次的表达，但它们却又有着本质的区别，如图 1.3 所示。

编译器和综合器的主要区别在于编译器是将软件程序翻译成为基于某种特定 CPU 的机器代码，这种二进制代码流仅限于 CPU 能识别而不能移植，并且机器代码不代表硬件结构，属于纯软件开发设计。而综合器则是将硬件描述语言程序代码翻译为一具体的网表文件，这种网表文件代表了特定的硬件结构，因此，EDA 技术中的程序代码属于硬件设计。

（3）适配/实现。

适配是在适配器中完成的，所谓适配就是将由综合器产生的网表文件针对某一具体的目标器件进行逻辑映射操作，即将网表文件配置于指定的目标器件中，使之产生最终的下载文件，如 JEDEC、JAM 格式文件。适配器完成逻辑映射工作具体包含底层器件配置、逻辑分割、逻辑优化、逻辑布局布线等。适配所选用的目标器件（FPGA/CPLD）必须属于原综合器指定的目标器件系列，适配完成后可以利用适配所产生的仿真文件作精确的时序仿真。

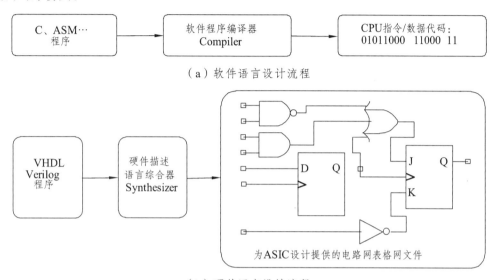

（a）软件语言设计流程

（b）硬件语言设计流程

图 1.3   编译器和综合器的功能比较

3. 设计仿真

在编程下载之前往往需要利用 EDA 的仿真工具对适配生成的结果进行模拟测试，这就是所谓的仿真。仿真是 EDA 设计过程中的重要步骤，其过程和实现原理是让计算机根据一定的算法和一定的仿真库对 EDA 设计进行模拟，以验证设计，排除错误。设计过程中的仿真主要有功能仿真和时序仿真。

所谓功能仿真，就是直接对 VHDL/Verilog、原理图描述或其他描述形式的逻辑功能进行模拟测试，以了解其实现的功能是否满足原设计的要求。仿真过程中不涉及任何具体器件的硬件特性（如延时特性），不经历综合与适配阶段，在设计项目编辑编译后即可进入门级仿真器进行模拟测试。功能仿真的好处是设计耗时短，对硬件库、综合器等没有任何要求。

所谓时序仿真，就是将适配器所产生的网表文件送入到仿真器中进行的仿真。这时的仿真是最接近于真实器件运行特性的仿真，因为仿真中已经包含了器件硬件特性参数，因此可以得到精确的时序仿真结果。但时序仿真的仿真文件必须来自针对具体器件的综合器与适配器，综合后所得的 EDIF 等网表文件通常作为 FPGA 适配器的输入文件，产生的仿真网表文件中包含了精确的硬件延迟信息。

对于大规模的设计项目而言，综合和适配在计算机上的耗时是十分可观的，如果每一次修改设计后都进行时序仿真，显然会极大地降低开发效率。因此，通常需要先进行功能仿真，待确定设计文件所表达的功能满足原设计意图时，再进行综合、适配和时序仿真，以提高设计的效率。

4. 编程下载

如果经过编译、综合、适配和仿真等过程都没有问题，即能满足设计的要求，这时便可以把适配后生成的下载或配置文件，通过编程器或编程电缆向 FPGA 或 CPLD 下载，以便进行硬件调试和验证，这就是 EDA 的编程下载。

一般而言，对 CPLD 的下载称为编程（Program），对 FPGA 中的 SRAM 进行直接的下载称为配置（Configure）。这主要取决于所选用器件的结构所决定。

5. 硬件测试

设计的最后便是硬件测试，所谓硬件测试，就是将载入了设计的 FPGA/CPLD 直接用于应用系统中，以便最终验证设计项目在目标系统上的实际工作情况，排除错误，改进设计。

1.3　硬件描述语言（HDL）

1.3.1　硬件描述语言概述

所谓硬件描述语言（Hardware Description Language，HDL），是指专门用于对电子系统硬件行为描述、结构描述、数据流描述的语言。利用这种语言，数字电路系统的设计可以从顶层到底层（从抽象到具体）逐层描述自己的设计思想，用一系列分层次的模块来表示极其复杂的数字系统。然后，利用电子设计自动化（EDA）工具，逐层进行仿真验证，再把其中需要变为实际电路的模块组合，经过自动综合工具转换到门级电路网表。接下来，再用专用集成电路 ASIC 或现场可编程门阵列（FPGA）自动布局布线工具，把网表转换为要实现的具体电路布线结构。

硬件描述语言（HDL）的发展至今已有近 30 年的历史，并成功地应用于设计的各个阶段：建模、仿真、验证和综合等。到 20 世纪 80 年代，已出现了上百种硬件描述语言，对设计自动化曾起到了极大的促进和推动作用。但是，这些语言一般各自面向特定的设计领域和层次，而且众多的语言使用户无所适从。因此，急需一种面向设计的多领域、多层次并得到普遍认同的标准硬件描述语言。20 世纪 80 年代后期，VHDL 和 Verilog HDL 语言适应了这种趋势的要求，先后成为 IEEE 标准。

HDL 一般可用于系统仿真和硬件实现。如果只用于仿真，那么几乎所有的语法和编程方法都可以使用。但如果是用于硬件实现（在 FPGA/CPLD 中），那么就必须保证程序

"可综合"（程序的功能可以用硬件电路实现）。不可综合的 HDL 语句在软件综合时将被忽略或者报错。应当牢记一点：所有的 HDL 描述都可以用于仿真，但不是所有的 HDL 描述都能用硬件实现。

硬件描述语言（HDL）的使用与其他的高级语言相似，编写的代码也需要首先经过编译器进行语法、语义的检查，并转换为某种中间数据格式。但与其他高级语言不同之处在于，用硬件描述语言编写程序的最终目的是要生成实际的硬件，经相关软件工具处理后，最终得到的是一个硬件电路。

1.3.2 Verilog HDL

1. Verilog HDL 概述

Verilog HDL 是目前应用最为广泛的一种硬件描述语言，用于从算法级、门级到开关级的多种抽象设计层次的数字系统建模。被建模的数字系统对象的复杂性可以介于简单的门和完整的电子数字系统之间。数字系统能够按层次描述，并可在相同描述中显式地进行时序建模。

Verilog HDL 语言具有下述描述能力：设计的行为特性、设计的数据流特性、设计的结构组成以及包含响应监控和设计验证方面的时延和波形产生机制。此外，Verilog HDL 语言提供了编程语言接口，通过该接口可以在模拟、验证期间从设计外部访问设计，包括模拟的具体控制和运行。

Verilog HDL 语言不仅定义了语法，而且对每个语法结构都定义了清晰的模拟、仿真语义。因此，用这种语言编写的模型能够使用 Verilog 仿真器进行验证。语言从 C 编程语言中继承了多种操作符和结构。Verilog HDL 提供了扩展的建模能力，其中许多扩展最初很难理解。但是，Verilog HDL 语言的核心子集非常易于学习和使用，这对大多数建模应用来说已经足够。当然，完整的硬件描述语言足以对从最复杂的芯片到完整的电子系统进行描述。

Verilog 的设计初衷是成为一种基本语法与 C 语言相近的硬件描述语言。这是因为 C 语言在 Verilog 设计之初，已经在许多领域得到广泛应用，C 语言的许多语言要素已经被许多人习惯。一种与 C 语言相似的硬件描述语言，可以让电路设计人员更容易学习和接受。不过，Verilog 与 C 语言还是存在许多差别。另外，作为一种与普通计算机编程语言不同的硬件描述语言，Verilog 还具有一些独特的语言要素，如向量形式的线网和寄存器、过程中的非阻塞赋值等。总的来说，具备 C 语言的设计人员将能够很快掌握 Verilog 硬件描述语言。

2. Verilog HDL 发展历史

Gateway 设计自动化公司的工程师菲尔·莫比（Phil Moorby）于 1983 年末完成了 Verilog 的主要设计工作。

20 世纪 90 年代初，开放 Verilog 国际（Open Verilog International，OVI）组织（即现在的 Accellera）成立，Verilog 面向公有领域开放。1992 年，该组织寻求将 Verilog 纳入电气电子工程师学会标准。最终，Verilog 成为电气电子工程师学会 IEEE 1364-1995 标准，即通常所说的 Verilog-95。

设计人员在使用这个版本的 Verilog 的过程中发现了一些可改进之处。为了解决用户在使用此版本 Verilog 过程中反映的问题，Verilog 进行了修正和扩展，这部分内容后来再次被提交给电气电子工程师学会。这个扩展后的版本后来成为电气电子工程师学会 1364-2001 标准，即通常所说的 Verilog-2001。Verilog-2001 是 Verilog-95 的一个重大改进版本，它具备一些新的实用功能，如敏感列表、多维数组、生成语句块、命名端口连接等。目前，Verilog-2001 是 Verilog 的最主流版本，被大多数商业电子设计自动化软件包支持。

2005 年，Verilog 再次进行了更新，即电气电子工程师学会 1364-2005 标准。该版本只是对上一版本的细微修正。这个版本还包括了一个相对独立的新部分，即 Verilog-AMS。这个扩展使得传统的 Verilog 可以对集成的模拟和混合信号系统进行建模。容易与电气电子工程师学会 1364-2005 标准混淆的是加强硬件验证语言特性的 SystemVerilog（电气电子工程师学会 1800-2005 标准），它是 Verilog-2005 的一个超集，它是硬件描述语言、硬件验证语言（针对验证的需求，特别加强了面向对象特性）的一个集成。

2009 年，IEEE 1364-2005 和 IEEE 1800-2005 两个部分合并为 IEEE 1800-2009，成为一个新的、统一的 SystemVerilog 硬件描述验证语言（hardware description and verification language，HDVL）。

Verilog HDL 是在用途最广泛的 C 语言的基础上发展起来的，其最大特点就是易学易用，如果有 C 语言的编程经验，可以在一个较短的时间内很快地学习和掌握。

3. Verilog HDL 典型结构

```
`timescale 1ns / 1ps              //定义时间刻度，不可综合
module  模块名 （端口列表）;        //定义模块（实体）
    端口声明;
    变量声明;
    assign 语句;                   //数据流描述语句结构
    always @ (posedge clk)        //行为描述语句结构
      begin
          if (表达式) 语句;
      end
    元件例化语句;                   //电路结构描述语句
endmodule
```

1.3.3 VHDL

超高速集成电路硬件描述语言（Very High Speed Integrated Circuit Hardware Description Language，VHDL）最早是由美国国防部（DOD）发起创建，于 1985 年正式推出，通过 IEEE（The Institute of Electrical and Electronics Engineers）进一步发展，于 1987 年将 VHDL 采纳为 IEEE 1076 标准发布。从此，VHDL 成为硬件描述语言的业界标准之一，也是目前标准化程度最高的硬件描述语言。1993 年 IEEE 对 VHDL 进行了修订，增加了部分新的命令与属性，增强了对系统的描述能力，并公布了新版本的 VHDL，即 IEEE 1076-1993 版本。VHDL 经过近 30 年的发展、应用和完善，以其强大的系统描述能力、规范的程序设计结构、灵活的语言表达风格和多层次的仿真测试手段，在电子设计领域得到了普遍的认同和广泛的接受，已经成为现代 EDA 领域的首选硬件描述语言。

VHDL 作为一个规范语言和建模语言，涵盖面广，抽象描述能力强，能从多个层次对数字系统进行建模和描述，大大简化了硬件设计任务，提高了设计效率和可靠性。VHDL 的基本结构至少包含一个实体和一个结构体，而完整的 VHDL 结构还应包含配置和程序包与库。在应用 VHDL 进行复杂电路设计时，往往采用"自顶向下"结构化的设计方法。其典型的结构如下所示。

```
Library ieee;
use ieee.std_logic_1164.all;        --库声明


ENTITY  实体名  IS                  --实体定义
    port(端口列表);
END  ENTITY  实体名 ;
ARCHITECTURE  结构体名 of  实体名 IS   --结构体定义
    [信号申明；]
begin
      功能描述语句；
END ARCHITECTURE  结构体名；
```

在设计中是选择 VHDL 还是选择 Verilog HDL？这是一个初学者最常见的问题。其实两种语言的差别并不大，它们的描述能力也是类似的。比较而言，VHDL 是一种高级描述语言，适用于电路高级建模，综合的效率和效果较好。Verilog HDL 是一种低级的描述语言，适用于描述门级电路，容易控制电路资源，但其对系统的描述能力不如 VHDL。只要掌握其中一种语言以后，可以通过短期的学习，较快地学会另一种语言。选择何种语言主要还是看周围人群的使用习惯，这样可以方便日后的学习交流。当然，如果您是集成电路（ASIC）设计人员，则必须首先掌握 verilog，因为在 IC 设计领域，90%以上的公司都是采用 verilog 进行 IC 设计。对于 CPLD/FPGA 设计者而言，两种语言可以自由选择。

1.4　FPGA 结构及工作原理

可编程逻辑器件（Programmable Logic Device，PLD）是一种半定制集成电路，在其内部集成了大量的门和触发器等基本逻辑单元电路，通过用户编程来改变 PLD 内部电路的逻辑关系或连线，从而得到所需要的电路设计功能。这种新型逻辑器件，不仅速度快、集成度高，能够完成用户定义的逻辑功能，还可以加密和重新定义编程，其允许编程次数可以达到上万次。可编程逻辑器件的出现，大大改变了传统数字系统设计方法，简化了硬件系统，降低了成本、提高系统的可靠性、灵活性。因此，自 20 世纪 70 年代问世以后，PLD 就受到广大工程师的青睐，被广泛应用于工业控制、通信设备、仪器仪表和医疗电子仪器等众多领域，为 EDA 技术开创了广阔的发展空间。

常见的 PLD 主要包括 FPGA（Field Programmable Gate Array，现场可编程门阵列）和 CPLD（Complex Programmable Logic Device，复杂可编程逻辑器件）两大类。FPGA 和 CPLD 最明显的特点是高集成度、高速度和高可靠性。高速度表现在其时钟延时可小至纳秒级，结合并行工作方式，广泛应用于超高速领域和实时测控方面；高可靠性和高集成度表现在几乎可以将整个系统集成于一个芯片中，实现所谓片上系统 SOC（System On a Chip）。

对于一个开发项目，究竟是选择 FPGA 还是选择 CPLD 呢？主要看开发项目本身的需要。对于一般规模，且产量不是很大的项目，通常选择 CPLD 较好；对于大规模的 ASIC 设计或片上系统设计，则多选择 FPGA。另外，FPGA 掉电后将丢失原有的逻辑信息，在实际应用中，往往需要为 FPGA 芯片配置一个专用的 ROM，CPLD 掉电后不会丢失数据。

1.4.1　FPGA 概述

FPGA（Field Programmable Gate Array）于 1985 年由 Xilinx 创始人之一 Ross Freeman 发明，虽然有其他公司宣称自己最先发明可编程逻辑器件 PLD，但是真正意义上的第一颗 FPGA 芯片 XC2064 为 Xilinx 所发明，这个时间差不多比摩尔提出著名的摩尔定律晚 20 年左右，但是 FPGA 一经发明，后续的发展速度之快，超出大多数人的想象，近些年的 FPGA，始终引领先进的工艺。

FPGA 的主要应用领域是通信、工控、国防、消费，近年来 FPGA 最引人关注的变化趋势之一就是应用领域不断扩展。

在 FPGA 传统应用市场方面，通信逐步实现高速、复杂协议，消费电子应用则注重低功耗、低成本。此外，FPGA 还广泛应用于医疗电子、安防、视频、工业自动化、语音网络、半导体制造设备以及家电等领域。

1.4.2　FPGA 内部结构

FPGA 的基本结构都是基于查找表加寄存器结构的，Xilinx、Altera、Lattice、Actel 和 Atmel 公司都是知名的 FPGA 供应商，这些厂商的 FPGA 产品的基本构架都可简化为 6 个部分，分别为可编程输入/输出单元、可编程逻辑块（CLB）、嵌入式块 RAM、丰富的布线资源、底层嵌入式功能单元和内嵌专用硬核等。

1. 可编程输入/输出单元（IOB）

可编程输入/输出（Input/Output）单元简称 I/O 单元，是芯片与外界电路的接口部分，完成不同电气特性下对输入/输出信号的驱动与匹配要求。FPGA 内的 I/O 按组分类，每组都能够独立地支持不同的 I/O 标准。通过软件的灵活配置，可适配不同的电气标准与 I/O 物理特性，可以调整驱动电流的大小，可以改变上、下拉电阻。目前，I/O 口的频率也越来越高，一些高端的 FPGA 通过 DDR 寄存器技术可以支持高达 2 Gb/s 的数据速率。

外部输入信号可以通过 IOB 模块的存储单元输入到 FPGA 的内部，也可以直接输入 FPGA 内部。当外部输入信号经过 IOB 模块的存储单元输入到 FPGA 内部时，其保持时间（Hold Time）的要求可以降低，通常默认为 0。为了便于管理和适应多种电器标准，FPGA 的 IOB 被划分为若干个组（bank），每个组的接口标准由其接口电压 VCCO 决定，一个组只能有一种 VCCO，但不同组的 VCCO 可以不同。只有相同电气标准的端口才能连接在一起，VCCO 电压相同是接口标准的基本条件。

2. 可编程逻辑块（CLB）

CLB 是 FPGA 内的基本逻辑单元。CLB 的实际数量和特性会依器件的不同而不同，但是每个 CLB 都包含一个可配置开关矩阵，此矩阵由 4 或 6 个输入、一些选型电路（多路复用器等）和触发器组成。开关矩阵是高度灵活的，可以对其进行配置以便处理组合逻辑、移位寄存器或 RAM。

Slice 是 Xilinx 公司定义的基本逻辑单位。一个 Slice 由两个 4/6 输入 LUT、进位逻辑、算术逻辑（一个异或门 XORG，一个与门 MULTAND）、存储逻辑和函数复用器组成。

算术逻辑包括一个异或门（XORG）和一个专用与门（MULTAND），一个异或门可以使一个 Slice 实现 2 bit 全加操作，专用与门用于提高乘法器的效率；进位逻辑由专用进位信号和函数复用器（MUXC）组成，用于实现快速的算术加减法操作；4 输入函数发生器用于实现 4 输入 LUT、分布式 RAM 或 16 比特移位寄存器(Virtex-5 系列芯片的 Slice 中的两个输入函数为 6 输入，可以实现 6 输入 LUT 或 64 比特移位寄存器）；进位逻辑包括两条快速进位链，用于提高 CLB 模块的处理速度。

3. 嵌入式块 RAM（BRAM）

多数 FPGA 都具有内嵌的块 RAM，这大大拓展了 FPGA 的应用范围和灵活性。块

RAM 可被配置为单端口 RAM、双端口 RAM、内容地址存储器（CAM）以及 FIFO 等常用存储结构。CAM 存储器在其内部的每个存储单元中都有一个比较逻辑，写入 CAM 中的数据会和内部的每一个数据进行比较，并返回与端口数据相同的所有数据的地址，因而在路由的地址交换器中有广泛的应用。除了块 RAM，还可以将 FPGA 中的 LUT 灵活地配置成 RAM、ROM 和 FIFO 等结构。在实际应用中，芯片内部块 RAM 的数量也是选择芯片的一个重要因素。

单片块 RAM 的容量为 18k 比特，即位宽为 18 比特、深度为 1 024，可以根据需要改变其位宽和深度，但要满足两个原则：首先，修改后的容量（位宽、深度）不能大于 18k比特；其次，位宽最大不能超过 36 比特。当然，可以将多片块 RAM 级联起来形成更大的 RAM，此时只受限于芯片内块 RAM 的数量，而不再受上面两条原则约束。

4. 丰富的布线资源

布线资源连通 FPGA 内部的所有单元，而连线的长度和工艺决定着信号在连线上的驱动能力和传输速度。FPGA 芯片内部有着丰富的布线资源，根据工艺、长度、宽度和分布位置的不同而划分为 4 类不同的类别。第一类是全局布线资源，用于芯片内部全局时钟和全局复位/置位的布线；第二类是长线资源，用以完成芯片组间的高速信号和第二全局时钟信号的布线；第三类是短线资源，用于完成基本逻辑单元之间的逻辑互连和布线；第四类是分布式的布线资源，用于专有时钟、复位等控制信号线。

在实际中设计者不需要直接选择布线资源，布局布线器可自动地根据输入逻辑网表的拓扑结构和约束条件选择布线资源来连通各个模块单元。从本质上讲，布线资源的使用方法和设计的结果有密切、直接的关系。

5. 底层内嵌功能单元

内嵌功能模块主要指 DLL（Delay Locked Loop）、PLL（Phase Locked Loop）、DSP和 CPU 等软处理核（SoftCore）。

现在越来越丰富的内嵌功能单元，使得单片 FPGA 成为系统级的设计工具，使其具备了软硬件联合设计的能力，逐步向 SOC 平台过渡。DLL 和 PLL 具有类似的功能，可以完成时钟高精度、低抖动的倍频和分频，以及占空比调整和移相等功能。赛灵思公司生产的芯片上集成了 DCM 和 DLL，Altera 公司的芯片集成了 PLL，Lattice 公司的新型芯片上同时集成了 PLL 和 DLL。PLL 和 DLL 可以通过 IP 核生成的工具方便地进行管理和配置。

1.4.3　FPGA 工作原理

由于 FPGA 需要被反复烧写，它实现组合逻辑的基本结构不可能像 ASIC 那样通过固定的与非门来完成，而只能采用一种易于反复配置的结构，查表（Look Up Tabler，LUT）可以很好地满足这一要求。目前，主流 FPGA 都采用了基于 SRAM 工艺的查找表结构，也有一些军品和宇航级 FPGA 采用 Flash/熔丝/反熔丝工艺的查找表结构。

由布尔代数理论可知，对于一个 N 输入的逻辑运算，最多产生 2^N 个不同的组合。所以，如果预先将相应的结果保存在一个存储单元中，就相当于实现了与非门电路的功能。

FPGA 的原理的实质，就是通过配置文件对查找表进行配置，从而在相同的电路情况下实现了不同的逻辑功能。

1. 4 输入查找表结构

LUT 本质就是一个 RAM，自 FPGA 诞生以来，它大多使用 4 输入的 LUT 结构，所以每个 LUT 可以看成一个包含四位地址线的 RAM。当设计者通过原理图或 HDL 描述了一个逻辑电路后，FPGA 厂商提供的集成开发工具就会自动计算逻辑电路的所有可能结果，并把真值表事先写人到 RAM 中。这样，每输入一个信号进行逻辑运算就等于输入一个地址进行查表，找出地址对应的内容，然后输出内容即可。

下面用一个 4 输入逻辑与门电路的例子来说明 LUT 实现组合逻辑的原理。LUT 描述四输入逻辑与关系见表 1.1。

表 1.1　4 输入与门的真值表

实际逻辑电路		LUT 实现方式	
A，B，C，D 输入	逻辑输出	RAM 地址	RAM 中存储内容
0000	0	0000	0
0001	0	0001	0
⋮			
1111	1	1111	1

从表 1 可以看到，LUT 具有和逻到电路相同的功能，但是 LUT 具有更快的执行速度和更大的规模。与传统化简真值表构造组合逻辑的方法相比，LUT 具有明显的优势，主要表现在：

（1）LUT 实现组合逻辑的功能由输入决定，而不是由复杂度决定。

（2）LUT 实现组合逻辑有固定的传输延迟。

2. 6 输入查找表结构

在 65 nm 工艺条件下，与其他电路（特别是互连电路）相比，LUT 的常规结构大大缩小。一个具有 4 倍比特位的 6 输入 LUT 结构仅仅将所占用的 CLB 面积增加了 15%，但是平均而言，每个 LUT 上可集成的逻辑数量却提高了 40%。当采用更高的逻辑密度时，通常可以降低级联 LUT 的数目，并且改进关键路径延迟性能。

新一代的 FPGA 提供了真正的 6 输入 LUT，可以将它用作逻辑或者分布式存储器，这时，LUT 是一个 64 位的分布式 RAM（甚至双端口或者四端口）或者一个 32 位可编程移位寄存器，每个 LUT 具有两个输出，从而实现了五个变量的两个逻辑函数，存储 32×2 RAM 比特，或者作为 16×2 比特的移位寄存器进行工作。

第 2 章　Vivado 应用向导

本章重点介绍 Xilinx 公司最新 FPGA 集成开发环境 Vivado 2019.2 版本的安装方法和项目开发流程。通过详细操作步骤展示，以 LED 闪烁灯实例，达到快速入门的目的，非常适合于读者自学。

2.1　Vivado 简介

2.1.1　Vivado 简介

Vivado 是 Xilinx 公司在 2012 年推出的全新一代 FPGA 集成开发工具，包括高度集成的设计环境和新一代从系统到 IC 级的工具，这些均建立在共享的可扩展数据模型和通用调试环境基础上。同时这也是一个基于 AMBA AXI4 互联规范、IP-XACT IP 封装元数据、工具命令语言（TCL）、Synopsys 系统约束（SDC）以及其他有助于根据客户需求量身定制设计流程并符合业界标准的开放式环境。Xilinx 构建的 Vivado 工具把各类可编程技术结合在一起，能够扩展多达 1 亿个等效 ASIC 门的设计。

专注于集成的组件——为了解决集成的瓶颈问题，Vivado 设计套件采用了用于快速综合和验证 C 语言算法 IP 的 ESL 设计，实现重用的标准算法和 RTL IP 封装技术，标准 IP 封装和各类系统构建模块的系统集成，模块和系统验证的仿真速度提高了 3 倍，与此同时，硬件协仿真性能提升了 100 倍。

专注于实现的组件——为了解决实现的瓶颈，Vivado 工具采用层次化器件编辑器和布局规划器、速度提升了 3 至 15 倍，且为 SystemVerilog 提供了业界最好支持的逻辑综合工具、速度提升 4 倍且确定性更高的布局布线引擎，以及通过分析技术可最小化时序、线长、路由拥堵等多个变量的"成本"函数。此外，增量式流程能让工程变更通知单（ECO）的任何修改只需对设计的一小部分进行重新实现就能快速处理，同时确保性能不受影响。最后，Vivado 工具通过利用最新共享的可扩展数据模型，能够估算设计流程各个阶段的功耗、时序和占用面积，从而达到预先分析，进而优化自动化时钟门等集成功能。

2.1.2　Vivado 设计流程

与 ISE（Xilinx 公司早期集成开发环境）相比，Vivado 在很多方面有着很大的不同。这里我们从设计流程这个角度看，先来回顾一下 ISE 的设计流程，如图 2.1 所示。

在这个流程中，输入的约束文件为 UCF，而且该文件是在 Translate（对应 NGDBuild）这一步才开始生效。换言之，综合后的时序报告没有多大的参考价值。此外，这个流程的每一步都会生成不同的文件，如综合后生成.ngc 文件，Translate 之后生成.ngd 文件，MAP 和 PAR 之后生成.ncd 文件等。这说明每一步使用了不同的数据模型。

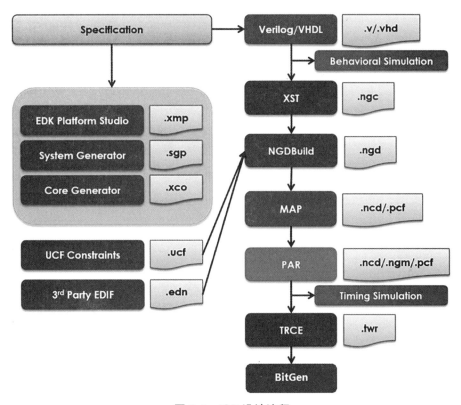

图 2.1　ISE 设计流程

再来看看 Vivado 的设计流程，如图 2.2 所示。在这个流程中，输入的约束文件为.xdc 文件，这个文件采用了业界标准的 SDC，且在综合和实现阶段均有效。因此，综合后就要查看并分析设计时序，如果时序未收敛，不建议执行下一步。

此外，Vivado 的实现阶段由不同的子步骤构成：opt_design、place_design、phys_opt_design、route_design 和 phys_opt_design，其中 place_design 和 route_design 之后的 phys_opt_design 是可选的。同时，无论是综合还是实现，每个子步骤生成文件均为.dcp 文件。这意味着 Vivado 采用了统一的数据模型。

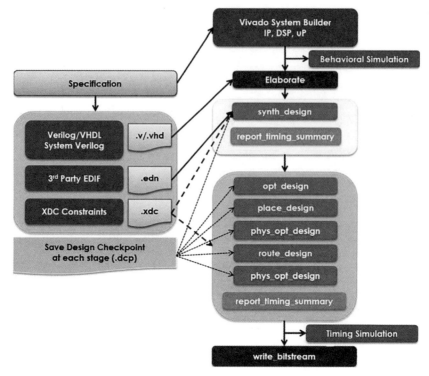

图 2.2　Vivado 设计流程

默认情况下，在 Vivado 实现阶段 opt_design、place_design 和 route_design 是必然执行的，且每步会生成相应的.dcp 文件，可用于进一步的分析。

2.2　Vivado 下载与安装

知识点：Vivado 软件的下载和安装方法。

重　点：掌握 Vivado 软件下载和安装方法。

难　点：正确安装 Vivado 软件。

2.2.1　Vivado 软件下载

登录 Xilinx 中文网站，选择【技术支持】→【下载与许可】，如图 2.3 所示，左侧将显示所有版本软件。

此处以选择最新的 2019.2 为例下载安装，选中【Version】中的"2019.2"版本，出现如图 2.4 所示"Vivado Design Suite - HLx 版本- 2019.2"的相关信息，单击"Xilinx Unified Installer 2019.2：Windows Self Extracting Web Installer（EXE-65.5MB）"下载网络版安装工具。

图 2.3　Xilinx 网站界面

图 2.4　下载网络版安装工具

2.2.2　软件安装

（1）双击已下载文件（文件名为"Xilinx_Unified_2019.2_1106_2127_Win64"），启动网络版安装程序，如图 2.5 所示，单击【Next】，弹出图 2.6 所示对话框。

图 2.5　启动安装欢迎界面

（2）输入 Xilinx 网站注册的账号信息（需提前在 Xilinx 中文网站注册个人账号），用户名和密码，然后单击【Next】（见图 2.6）。

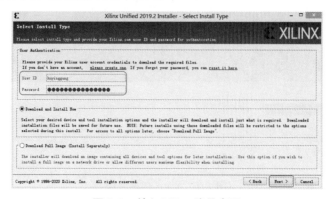

图 2.6　输入 Xilinx 账号密码

（3）勾选图 2.7 中全部的 3 个选项，然后单击【Next】。

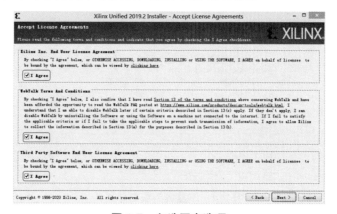

图 2.7　勾选同意选项

（4）选中图 2.8 所示界面中的【Vivado】，然后单击【Next】。

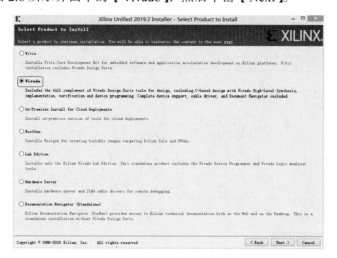

图 2.8　选择"Vivado"选项

（5）选中图 2.9 所示界面中的【Vivado HL System Edition】，然后单击【Next】。

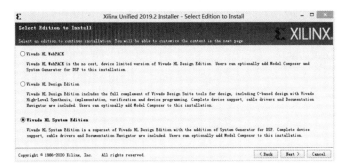

图 2.9 选中"Vivado HL System Edition"选项

（6）在图 2.10 所示界面中可根据需求选择安装的工具、器件库，此处按照默认选项即可，然后单击【Next】。

图 2.10 选择安装工具、器件库

（7）在图 2.11 所示界面中，设置软件安装路径，默认为 C 盘根目录（C:/），因 Vivado 安装软件占磁盘空间较大（约 35 GB），建议选择安装在非系统盘，此处将安装在 D 盘根目录。

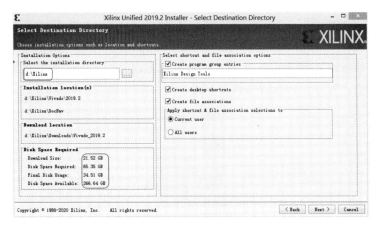

图 2.11 选择安装路径

（8）在图 2.11 所示界面中单击【Next】后进入图 2.12 所示的安装信息概览界面，此时单击【Install】，进入图 2.13 所示的安装界面。

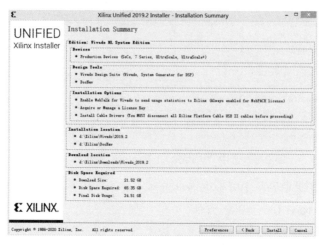

图 2.12　安装信息概览界面

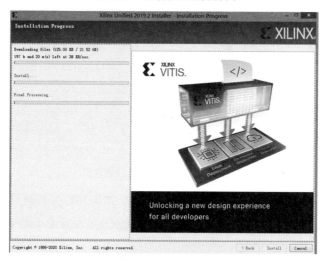

图 2.13　正在安装界面

（9）安装过程共大约耗时 2 小时，包括下载文件（约 21.52 GB）和安装软件，安装成功后会在电脑桌面生成如图 2.14 所示的软件图标，双击打开后进入如图 2.15 所示的 Vivado 正常界面，至此，Vivado 软件安装成功。

图 2.14　软件图标

图 2.15 正常启动 Vivado 界面

2.3 Vivado 快速入门

知识点：Vivado 软件使用方法（工程创建、编辑设计文件、设计仿真、综合实现、创建约束文件、编程下载）。

重　点：熟练掌握 Vivado 软件实现 Verilog HDL 项目工程方法。

难　点：准确理解和设置 Vivado 进行项目开发的全过程。

基于 Vivado 的工程实现过程主要包括创建工程、创建设计源文件、RTL 描述与分析、设计综合、行为仿真、创建约束文件 XDC、设计实现、生成 bit 文件、编程下载等。本节通过一个简单的使用 Verilog HDL 语言设计实例（实现 4 个 LED 间隔 1 s 闪烁功能），旨在介绍 Vivado 工程开发流程、基本功能使用技巧，以达到快速入门的目的。

2.3.1 创建工程

（1）在桌面双击 Vivado 2019.2 软件图标，启动 Vivado 2019.2 集成开发环境，如图 2.16 所示，在【Quick Start】分组下，单击【Create Project】（创建工程）选项；或者在主菜单下，选择【File】→【Project】→【New...】，进入图 2.17 所示 "New Project—Create a New Vivado Project" 对话框界面。

（2）在图 2.17 所示的界面中单击【Next】进入图 2.18 所示的新工程名和路径设置对话框，设计者根据设计需要给出工程名字和指定工程存放路径，注意命名和路径不能出现中文字符，否则可能会导致后续处理时产生错误。在此设计中按如下参数设置，然后单击【Next】。

图 2.16　选择 "Create Project" 选项

图 2.17　"New Project–Create a New Vivado Project" 界面

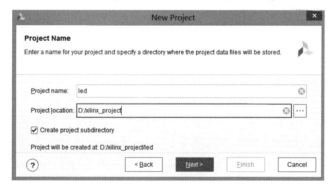

图 2.18　设置工程名和路径

① Project name（工程名）：led。

② Project location（工程存放路径）：D:/xilinx_project。

③ 勾选 "Create project subdirectory" 复选框：自动在工程路径文件夹下建立工程名相同的子目录文件夹。

（3）在图 2.19 所示的工程类型设置对话框中，选择【RTL Project】，然后单击【Next】。

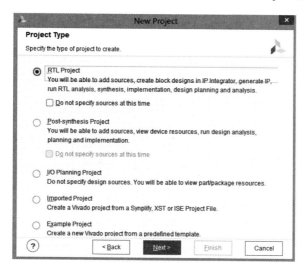

图 2.19　工程类型设置

（4）添加源文件（设计文件和约束文件）。此处不指定（等工程建完另行创建）直接单击【Next】（见图 2.20）。

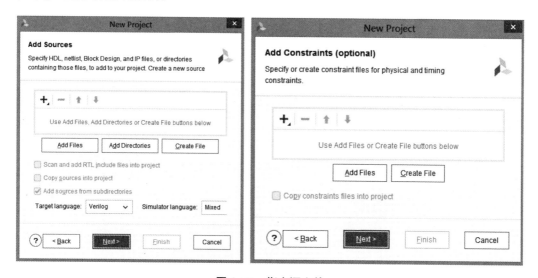

图 2.20　指定源文件

（5）器件选择。为新工程准确指定使用 FPGA 的型号，此项目实现的硬件平台是以 Zynq-7000 系列的 xc7z010clg400-1 FPGA 芯片。为快速找到目标器件，可以通过设置过滤条件，通过下拉框选择图 2.21 所示界面的参数，选中 xc7z010clg400-1，然后单击【Next】。

（6）图 2.22 所示为新建工程信息概览，包括工程名、设计文件是否添加、器件信息等，直接单击【Finish】，进入图 2.23 所示 Vivado 新工程建立后的环境界面。

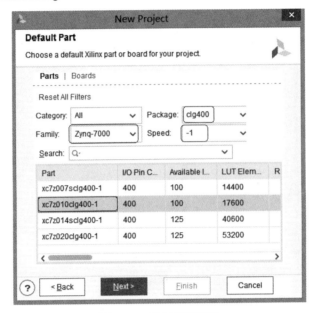

图 2.21 选择目标器件

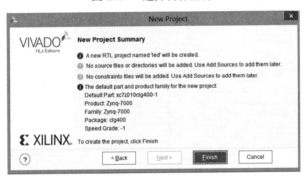

图 2.22 新工程信息概览

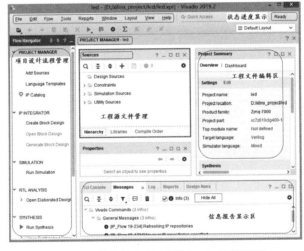

图 2.23 成功创建新工程 Vivado 环境界面

2.3.2 创建并编辑设计文件

（1）在图 2.24 所示的工程源文件管理窗口右键单击【Design Sources】，弹出子菜单选择【Add Sources...】，或单击此窗口工具栏的"+"工具图标，打开添加设计文件对话框。

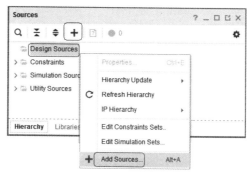

图 2.24 添加设计文件

（2）在图 2.25 所示的"Add Sources"对话框中，选择【Add or create design sources】创建设计源文件选项，单击【Next】。

图 2.25 选择"Add or create design sources"

（3）在图 2.26 所示的"Add or Create Design Sources"对话框中，单击【Create File】选项，打开创建源文件对话框如图 2.27 所示。

图 2.26 单击"Create File"

（4）在图 2.27 所示的界面中，输入设计文件使用硬件描述语言的类型和文件的名字，此处选择"Verilog"，设计文件命名为"led.v"，然后单击【OK】。

图 2.27　设置源文件名字

（5）在图 2.28 所示对话框中单击【Finish】，进入图 2.29 所示模块定义对话框。

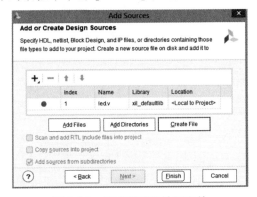

图 2.28　完成创建设计源文件

（6）在图 2.29 中定义模块输入输出端口及属性。"Port Name"栏对应输入设计所有端口名；"Direction"对应下拉菜单选择"input\output\inout"设置"输入\输出\双向端口"；"Bus"复选框勾选表示对应端口为总线模式，"MSB"表示总线的最高有效位，"LSB"表示总线最低有效位。此实例中的端口按照图 2.29 进行参数设置，然后单击【OK】完成设计文件的创建。

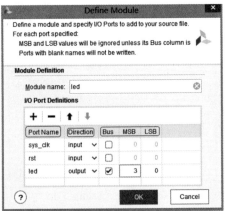

图 2.29　设置输入输出端口及属性

（7）打开设计文件编辑窗口。在"Sources"工程文件管理窗口的"Design Sources"菜单下成功添加了"led.v"文件，双击此文件名打开源文件编辑窗口，如图 2.30 所示。

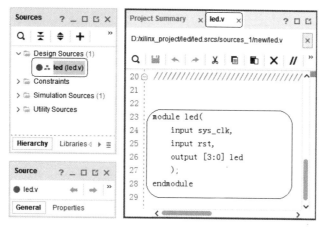

图 2.30　打开设计文件编辑窗口

（8）编辑设计文件代码。在图 2.30 所示代码编辑窗口，参照【代码 2.1】输入设计代码，单击保存工具按钮或按 Ctrl+S 键保存设计，即可完成设计文件的编辑。

【代码 2.1】LED 闪烁灯参考代码

```
1    `timescale 1ns / 1ps
2    module led(
3        input sys_clk,
4        input rst,
5        output [3:0] led
6        );
7        reg [3:0] led;
8        reg [31:0] timer_cnt;    //定时器变量
9        always@(posedge sys_clk or negedge rst)
10       begin
11           if(! rst) begin
12           timer_cnt<=32'd0;
13           led<=4'b1111;
14           end
15           else if(timer_cnt == 32'd49_999_999) //定时间隔1秒
16           begin
17               timer_cnt<=32'd0;
18               led<=~ led;                  //led 翻转
19           end
```

```
20              else timer_cnt<=timer_cnt+1'd1;
21      end
22  endmodule
```

2.3.3 RTL 描述与分析

在 Vivado 左侧的"Flow Navigator"项目设计流程管理窗口，找到【RTL ANALYSIS】→【Open Elaborated Design】并单击，随即弹出"Elaborate Design"对话框界面，显示一些提示信息，单击【OK】按钮即可。自动打开"Schematic"网表结构如图 2.31 所示。

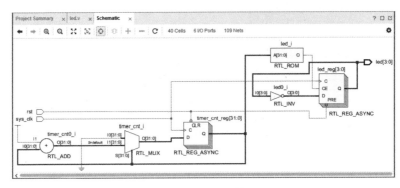

图 2.31　RTL 结构图

2.3.4 设计仿真

（1）创建仿真激励文件。

在图 2.32 所示的"Sources"源文件管理窗口中，右键单击【Simulation Sources（1）】选项，弹出子菜单中选择【Add Sources...】弹出添加源文件对话框。

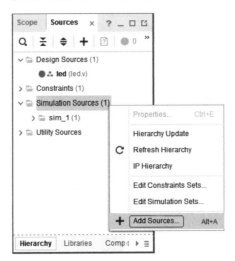

图 2.32　添加仿真激励文件

（2）在图 2.33 所示界面中选中"Add or create simulation sources"单击【Next】弹出创建文件选项对话框。

图 2.33　选中添加仿真文件

（3）在图 2.34 所示界面中单击【Create File】选项，弹出如图 2.35 所示的"Create Source File"对话框，在该对话框中设置仿真文件名，此处设置为"test.v"，然后单击【OK】。返回到图 2.34 单击【Finish】，在随即弹出的"Define Module"对话框直接单击【OK】，再单击【Yes】按钮完成仿真激励文件的创建，此时在源文件管理窗口"Simulation Sources（1）"菜单下多了刚刚创建的"test.v"源文件。

图 2.34　选择"Create File"

图 2.35　设置仿真文件名

（4）编辑仿真激励文件。

在"Sources"源文件管理窗口中，找到并双击"test.v"文件，打开代码编辑器，参照【代码2.2】输入代码，并保存文件完成仿真文件添加。

【代码2.2】test 仿真激励测试文件

```
1   `timescale 1ns / 1ps
2   module test;
3   reg sys_clk;
4   reg rst;
5   wire [3:0] led;
6   led u1(.sys_clk(sys_clk),
7          .rst(rst),
8          .led(led));
9   initial
10  begin
11      sys_clk=1'b0;
12      rst=1'b0;
13      #100;
14      rst=1'b1;
15  end
16  always
17  begin
18      #20 sys_clk= ~sys_clk;
19  end
20  endmodule
```

（5）运行仿真及观察结果。

在 Vivado 左侧的"Flow Navigator"项目设计流程管理窗口，找到【SIMULATION】→【Run Simulation】并单击，在弹出的子菜单中选择【Run Behavioral Simulation】运行仿真，如图2.36所示。仿真结果如图2.37所示，运用仿真工具操作观察各信号变化是否符合设计逻辑。

2.3.5　综合与实现

（1）启动综合工具。在 Vivado 左侧的"Flow Navigator"项目设计流程管理窗口，找到【SYNTHESIS】→【Run Synthesis】并单击，或在工具栏上单击 ▶ 图标，在下拉菜单中选择【Run Synthesis】，启动运行设计综合，如图2.38所示。

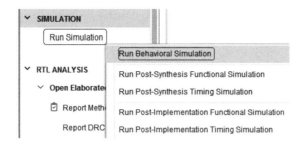

图 2.36　运行行为仿真

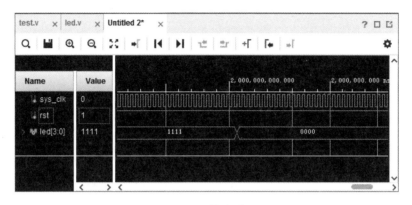

图 2.37　仿真结果

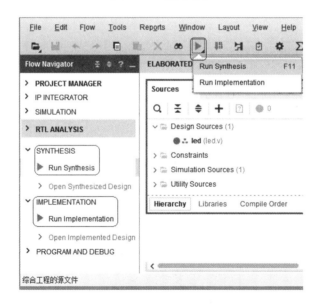

图 2.38　启动综合工具

（2）正常启动综合后，在 Vivado 软件右上角会有运行进度及状态显示，如图 2.39 所示。

当综合完成后，会弹出如图 2.40 所示的对话框，此时选择 "Run Implementation" 单击【OK】，启动实现工具。

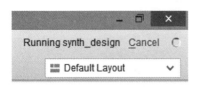

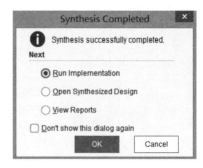

图 2.39　运行状态显示　　　　　　　图 2.40　执行实现工具

（3）Implementation 完成后会弹出如图 2.41 所示的打开实现设计的对话，单击【OK】打开布局布线后的结果，如图 2.42 所示。

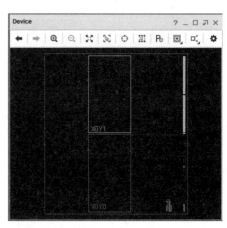

图 2.41　打开 Implementation 结果　　　图 2.42　Implementation 结果

2.3.6　创建约束文件 XDC

（1）在 Vivado 的工具栏单击【Window】→【I/O Ports】，如图 2.43 所示，弹出 I/O 管脚手动添加约束窗口。

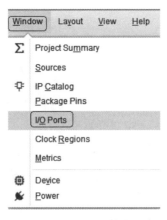

图 2.43　打开 I/O 管脚约束

（2）在图 2.44 所示的界面中，主要对设计中的输入输出端口分配管脚号、设置 I/O 口电平标准等参数。此实例中管脚约束可参考图中信息进行设置或参考表 2.1 进行管脚分配。

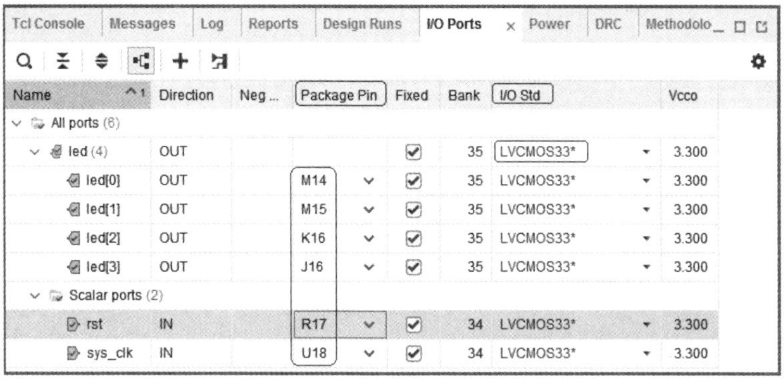

| Tcl Console | Messages | Log | Reports | Design Runs | I/O Ports | × | Power | DRC | Methodolo_ | □ | ⊏⊐ |

Name	^1	Direction	Neg ...	Package Pin	Fixed	Bank	I/O Std		Vcco
∨ ⊏⊐ All ports (6)									
∨ ◢ led (4)		OUT			☑	35	LVCMOS33*	▼	3.300
◢ led[0]		OUT		M14	∨	☑	35	LVCMOS33*	3.300
◢ led[1]		OUT		M15	∨	☑	35	LVCMOS33*	3.300
◢ led[2]		OUT		K16	∨	☑	35	LVCMOS33*	3.300
◢ led[3]		OUT		J16	∨	☑	35	LVCMOS33*	3.300
∨ ⊏⊐ Scalar ports (2)									
▷ rst		IN		R17	∨	☑	34	LVCMOS33*	▼	3.300
▷ sys_clk		IN		U18	∨	☑	34	LVCMOS33*	3.300

图 2.44　设置管脚约束

表 2.1　逻辑端口的 I/O 约束

设计端口	FPGA 引脚位置	I/O 标准
sys_clk	U18	LVCMOS33
rst	R17	LVCMOS33
led[0]	M14	LVCMOS33
led[1]	M15	LVCMOS33
led[2]	K16	LVCMOS33
led[3]	J16	LVCMOS33

（3）设置完管脚约束参数后，保存文件，在弹出的"Out of Date Design"对话框中单击【OK】，打开"Save Constraints"保存约束文件（.XDC）对话框。如图 2.45 所示，设置约束文件名，此处输入"led"，然后单击【OK】，完成约束文件的添加。此时，在源文件管理窗口中的"Constraints"下多了一个约束文件，如图 2.46 所示。

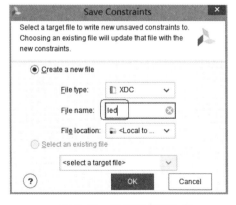

图 2.45　设置约束文件名

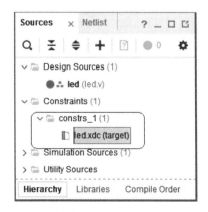

图 2.46　约束文件保存成功

（4）查看约束文件。在图 2.46 中，双击"led.xdc"文件，将打开刚建立的管脚约束文件 led.xdc 内容。

【代码 2.3】led.xdc 约束文件代码

```
set_property IOSTANDARD LVCMOS33 [get_ports {led[3]}]
set_property IOSTANDARD LVCMOS33 [get_ports {led[2]}]
set_property IOSTANDARD LVCMOS33 [get_ports {led[1]}]
set_property IOSTANDARD LVCMOS33 [get_ports {led[0]}]
set_property IOSTANDARD LVCMOS33 [get_ports rst]
set_property IOSTANDARD LVCMOS33 [get_ports sys_clk]
set_property PACKAGE_PIN U18 [get_ports sys_clk]
set_property PACKAGE_PIN M14 [get_ports {led[0]}]
set_property PACKAGE_PIN M15 [get_ports {led[1]}]
set_property PACKAGE_PIN K16 [get_ports {led[2]}]
set_property PACKAGE_PIN J16 [get_ports {led[3]}]
set_property PACKAGE_PIN R17 [get_ports rst]
```

2.3.7 生成 bit 文件及下载

（1）生成 bit 流文件。

在 Vivado 左侧的"Flow Navigator"项目设计流程管理窗口，找到【PROGRAM AND DEBUG】→【Generate Bitstream】并单击，或在工具栏上单击 图标，如图 2.47 所示，启动生成 bit 流下载文件。此时 Vivado 会重复执行综合和实现操作。

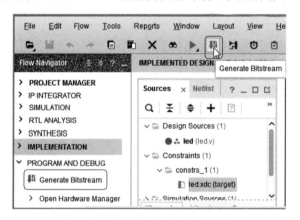

图 2.47 启动生成 bit 流下载文件

（2）编程下载。

当成功生成 bit 流文件后，会弹出如图 2.48 所示的对话框，默认是打开硬件管理器选项，在确认打开之前，请务必保证开发板（FPGA 硬件平台）、适配器连线处于与 Vivado

正常连接工作状态，然后单击【OK】，打开硬件管理器（下载界面）。

图 2.48　打开硬件管理器

在打开的硬件管理器"Hardware"窗口中，单击如图 2.49 所示的自动连接硬件工具，当搜索在线的硬件型号后，会自动显示当前连接系统的 FPGA 器件型号等信息。

图 2.49　自动连接目标硬件

最后，如图 2.50 所示，在硬件管理器窗口中，选中"xc7z010_1（1）"目标芯片，右键单击，弹出子菜单中选择【Program Device...】编程下载命令，将弹出"Program Device"对话框如图 2.51 所示，确认下载 bit 流文件正确，然后单击【Program】，完成设计下载。下载成功后，会在目标开发板上看到 LED 灯每间隔 1 s 自动闪烁效果。

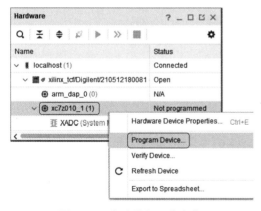

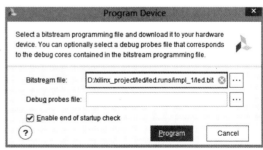

图 2.50　启动编程下载命令　　　　　图 2.51　编程下载

至此，基于 Verilog HDL 的 Vivado 设计流程及开发环境使用方法介绍完毕。

第 3 章　Verilog HDL 快速入门

本章主要通过 6 个设计项目单元，引出 Verilog HDL 的基本语法结构和常用语句，以达到快速入门的目的。本章内容的最大特点是采用项目化、案例式内容设置，在具体的设计任务中，理解和掌握 Verilog HDL 的基本设计方法和技巧，从而颠覆了传统电子语言类的先基本语句、语法，后实践应用的讲授方法。在本章的 6 个项目单元中，主要涉及常见组合电路、时序电路和状态机设计方法等内容。通过本章的学习，能基本达到 Verilog HDL 入门要求，配合其他项目的实战实训，就能熟练应用 Verilog HDL 进行复杂电路设计。

3.1　永远的 LED

知识点： 模块声明语句、端口声明语句、逻辑功能定义语句（assign）、标识符、赋值符号、条件操作符。

重　点： 掌握 Verilog HDL 基本结构（实体、结构体）。

难　点： 如何准确定义电路或系统端口（实体声明）。

对于曾经学习过单片机或嵌入式系统设计的朋友来说，时至今日，或许早已记不清楚单片机内部结构、编程方法；或许早已忘记嵌入式系统设计课程的内容，忘记了当时老师所强调的注意事项。但或许你还没有忘记曾经的 LED 流水灯设计实验，因为它早已成为了单片机、嵌入式的入门经典，对于它的记忆，绝对超越了单片机或嵌入式系统设计课程内容本身。既然如此，那就让我们踏着熟悉的脚步，在那闪耀的 LED 灯光下，开启 Verilog HDL 学习之旅吧！

本节主要通过引入简单的 Verilog HDL 实例代码，实现曾经熟悉的按键控制 LED 亮灭功能，以此让读者全面了解 Verilog HDL 基本语法结构，达到快速入门的效果。

3.1.1 任务及原理

对于 LED 而言，最简单的操作莫过于实现亮灭控制，在学习单片机课程中，可以通过相应的 I/O 口，输出高、低电平实现对 LED 的控制。同样，也可以使用 FPGA 或 CPLD 的 I/O，实现对 LED 的控制，其电路结构图如图 3.1 所示。

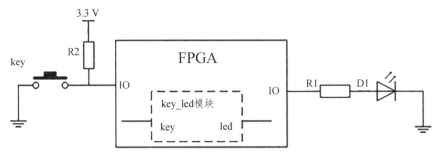

图 3.1 设计硬件电路结构框图

由图 3.1 可知，发光二极管 D1 与 FPGA 的 IO 端口管脚相连，如果从该管脚输出高电平，则发光二极管被点亮；如果输出低电平，则熄灭。按键 key 与 FPGA 的一个 I/O 管脚相连，当键按下时，该端口输入为低电平；当没有按键时，该端口通过上拉电阻输入高电平。因此，【代码 3.1】实现了按键控制 LED 亮、灭功能，将该代码经过 Vivado 综合处理，最后配置到 FPGA 中，即可实现键控 LED 亮灭效果。

3.1.2 设计代码

【代码 3.1】key_led.v

```
1    module  key_led (key,led);    //声明模块名和端口名
2       input   key;               //定义端口属性，key为输入模式，位宽为1位
3       output  led;               //定义端口属性，led为输出模式，位宽为1位
4       assign  led=(key ? 0:1);   //assign为数据流连续赋值语句
5    endmodule
```

【代码 3.1】是一个完整可综合的 Verilog HDL 代码，该代码采用数据流连续赋值语句实现了本项目的功能，且展示了可综合的 Verilog HDL 模块的基本语法结构，以下将对【代码 3.1】中出现的相关语句结构和语法含义进行总结诠释。

3.1.3 Verilog HDL 程序结构

在 Verilog HDL 设计中，无论是一个基本门电路描述，还是一片 74LS138 集成电路描述，或是一片 CPU 电路设计；无论是简单功能电路设计，还是复杂系统描述，其代码都称为一个模块，并且都有相对固定结构。一般对于任何可综合模块的设计都必须是以

Verilog HDL 的关键词 "module" 为开始标志，以 "endmodule" 为结束标志的一段代码，其典型的结构格式如下：

```
module  模块名 （端口列表）；
    端口声明；
    [变量声明;]
    逻辑功能描述；
endmodule
```

以上语法格式表明，Verilog 代码由以下几个部分来构成：

（1）关键词 module 和 endmodule 引导的。换句话说书写 Verilog 代码的第一个单词都是以 "module" 开头，最后一个单词以 "endmodule" 结束。

（2）端口声明语句。

（3）变量声明语句。

（4）逻辑功能描述语句。

（1）在基本结构中，除了最后一行的 "endmodule" 没有分号以外，每一行结束都有一个分号，分号是 Verilog 语句结束标志。

（2）在 Verilog 中，所有关键词必须小写，如 MODULE、ENDMODULE、INPUT、OUTPUT 书写格式均不再是关键词。标识符大小写均可，但是对大小写敏感。

3.1.4　模块（实体）声明

模块声明（【代码 3.1】第 1 ~ 3 行）也叫电路设计实体描述，用于定义电路外观属性、名字、管脚特征。主要包括定义模块名字（实体名）、模块的输入输出端口名及属性声明。设计电路实体往往可以采用图 3.2 所示的图形结构表示。

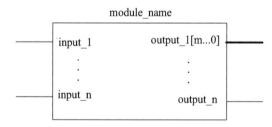

图 3.2　设计实体图形表示

1. 模块名

模块名也叫实体名，属于标识符。由设计者自己为该电路功能定义的名字，即该电路的器件名，因此一般名字能反映该电路的具体功能。例如，4 位二进制计数器，可以取名 counter4b；4 位二进制加法器，可以取名为 ADDER4B 等。在工程实现中，往往需要用模块名作为文件名来保存，后缀为.v。例如，【代码 3.1】应该保存为 "key_led.v"。并且注意文件名的大小写，必须与模块中模块名（实体名）保持一致。

2. 端口列表

在模块名右边用括号引出的内容是该模块的所有输入输出端口列表，输入/输出端口是模块与外部电路连接的接口，是与外部电路进行通信和数据交换的通道。这如同一个芯片必须有外部引脚一样，必须具有输入输出或双向口等引脚，以便与外部电路交换信息。

通常在进行 Verilog 电路设计时，需要将该电路的所有输入/输出端口全部放入端口列表，端口名根据电路接口功能自己定义，它也属于标识符格式。各个端口名之间原则上没有位置顺序之分，用逗号隔开即可。

除了在 Verilog 的 Testbench 仿真测试模块中不需要定义端口外，其余的 module 模块中都需定义端口。

3. 标识符命名规则

标识符只可由英文字母（含大小写）、数字、下画线（ _ ）和美元符号（ $ ）组合而成，除此以外的字符均是非法字符。且所有标识符都只能是以字母或下画线（ _ ）开头，不能用数字、中文或其他非法字符开头，同时也不能用 Verilog 库中定义好的关键词或元件名作为标识符命名。

4. 端口声明语句

端口声明语句的功能是对端口列表中的每个端口名进行详细的属性定义，主要包括定义端口的方向、数据宽度。端口声明语句使用的关键词主要有 3 种：input（输入）、output（输出）和 inout（双向，输入输出），表示数据流动方向和方式。

（1）input：输入模式，定义端口为单向只读模式，即规定数据只能由此类端口被读入进模块电路中，不允许对输入模式端口进行赋值操作。

（2）output：输出模式，定义端口为单向输出模式，即规定数据只能通过此类端口从模块电路内部向外流出，或者说只能对输出模式端口赋值，而绝对不能从此类端口读值进行比较判断等操作。

（3）inout：双向端口，定义端口为输入输出双向模式，即从端口的内部看，可以对此类端口进行赋值操作，也可以通过此类端口读入外部的数据信息；而从端口外部看，信号既可从该端口流出，也可向此端口输入信号，如 RAM 的数据端口、单片机的 I/O 口等。

端口声明语句的一般格式如下：

```
input     端口名 1，端口名 2…;
input     [m：n]端口名 3，端口名 4…;
output    端口名 5，端口名 6…;
output    [m：n]端口名 7，端口名 8…;
inout     端口名 9，端口名 10…;
```

其中，参数[*m* : *n*]表明此端口是一个逻辑位矢量，即定义端口为总线。通常，*m* 表示矢量的最高位，*n* 表示矢量的最低位，总线宽度为 *m*−*n*+1。

> **例1**： `input   [3 : 0]  key;`
>
> ` output  [7 : 0]  led;`
>
> /* 这两条端口声明语句分别定义了一个 4 位位宽的输入端口 `key` 和 8 位位宽的输出端口 `led`，即两个总线端口 `key[3：0]` 和 `led[7：0]`。例如对于 `key[3：0]`，等同于定义了 4 个单个位的输入信号，它们分别是 `key[3]`、`key[2]`、`key[1]`、`key[0]`。
> */

注意 Verilog-2001 版本允许将端口声明和端口名都放在模块端口列表中，如【代码 3.1】的模块端口列表和端口声明语句合并为 "module key_led (input key, output led) ;"。

```
1   module  key_led (input key,output led);
2      assign  led=(key ? 0:1);
3   endmodule
```

3.1.5 逻辑功能描述（结构体）

在 Verilog HDL 基本结构中，电路模块内部逻辑功能定义是程序结构中最重要的部分，逻辑功能描述语句主要包含 4 种：连续赋值语句（assign）、元件例化语句（模块调用）、过程语句（always）、函数和任务调用（function/task）。其中，前三种是可综合的描述结构，"function/task" 是不可综合的，【代码 3.1】中使用 "assign" 语句对 LED 输出端口进行赋值操作，其他结构将在后续设计项目中逐一介绍。

3.1.6 assign 连续赋值语句

通常使用 assign 语句描述输入、输出端口之间的逻辑关系，它属于并行赋值语句，其一般格式定义如下：

> `assign   赋值目标变量名 = 驱动表达式;`

其中，assign 是连续赋值语句的关键词，该语句的含义是当赋值符号右侧的驱动表达式中任意信号发生变化时，立即计算此表达式，并将计算结果立即赋值给赋值符号左侧的目标变量，赋值符号右侧 "驱动" 的含义体现了表达式是左侧目标变量的激励源或赋值源。

例如 `assign data = a & b;`

/*这是两个变量a和b相与后赋值给data的赋值语句。其执行过程：如果变量a、b一直恒定不变，此赋值语句始终不会被执行，属于挂起状态；只有当等号右侧的某一变量发生了

变化，此语句才会被执行一次。*/

（1）assign 语句中的赋值目标变量必须是网线型变量，如 wire 型，不能是 reg 型。

（2）assign 语句就其可综合性而言，在一个模块中，同一个赋值目标变量不允许有多个不同赋值表达式，即同一个目标不能有多个驱动源，或者说不允许有不同的数据赋值给同一个变量。

```verilog
例2: module  exp (a,b,data);
        input  a, b;
        output  data;
        assign  data = a & b;
        assign  data = a | b;
        assign  data = ~ a;
    endmodule
/*在一个模块中，对data同时有3个赋值源，这样的语句结构是错误的。*/
```

3.1.7 条件操作符

【代码 3.1】中的赋值语句表达式"（key ？ 0：1）"采用的是条件操作符"？ :"实现的。其一般格式如下：

$$\boxed{\text{条件表达式 ？ 表达式 1：表达式 2}}$$

该操作符实现的功能是，当条件表达式的计算值为真时（逻辑 1），整个表达式选择表达式 1 的值进行输出，否则（条件表达式值为逻辑 0）选择表达式 2 的值进行输出。

3.1.8 其他语法现象

1. 赋值符号

在 Verilog 中，赋值符号分为阻塞（"="）和非阻塞（"<="），具体的区别将在后文中做详细介绍。【代码 3.1】中使用的赋值符号是阻塞赋值符 "="。

2. 注释符

在 Verilog 中，注释符号与 C 语言代码注释符号相同，也是双斜线"//"或者"/*　　*/"构成，一个好的代码，往往都需要进行必要的代码注释。

3. 规范的代码书写格式

Verilog 程序代码书写格式相对于 VHDL 要求更加宽松，可以在一行写多条语句（一条语句以分号结束），也可以分行书写。但良好的书写习惯、规范的书写格式能使自己和别人更容易阅读和检查错误。

一般最顶层的 module_endmodule 模块描述语句放在最左侧，比它低一层次的描述语句向右靠一个 Tab 键距离。同一语句的关键词要对齐，如后文出现的 begin_end、case_endcase 等。

3.1.9　习题与实验

1. 阅读下列 Verilog 代码，将错误地方更改正确。

```
Module   3gate  (a, b, x, y, z)
         Input  a, b;
         output  x,y;
         output  z;
         assign  x <= a & b;
         assign  y <= a | b;
         assign  z<= ~ a;
         assign  z<=1;
endmodule ;
/*在一个模块中，对data同时有3个赋值源，这样的语句结构是错误的。*/
```

2. 根据 Verilog HDL 程序设计规则，请完成对图 3.3 所示设计电路外观的描述语句代码设计。

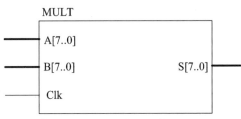

图 3.3　设计电路实体外观

3. 请用 assgin 语句，完成图 3.4 所示电路结构的 Verilog 描述。

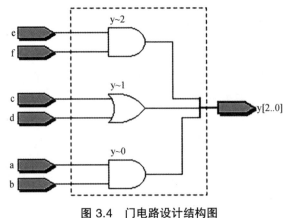

图 3.4　门电路设计结构图

4. 采用 Verilog 的 assgin 语句，设计实现 2 选 1 多路选择器。其真值表如表 3.1 所示，图 3.5 是该电路的 RTL 结构图。

表 3.1　真值表

s	y
1	a
0	b

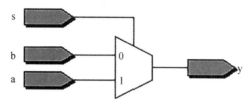

图 3.5　2 选 1 多路选择器结构图

3.2　Testbench 设计

知识点：Testbech（测试平台）结构、模块例化语句（调用）、变量声明（reg/wire）、initial 语句、always 语句、时间刻度定义语句、延时表达、激励信号波形设计方法。

重　点：掌握 Testbech 设计方法、模块调用方法、激励信号波形设计方法。

难　点：模块调用方法、激励信号波形设计方法。

3.2.1　Testbench 概述

所谓 Testbench 其实就是一种对系统或模块设计进行仿真验证的手段，其实质就是一个.v（Verilog）或者.vhd（VHDL）的文件。编写 Testbench 的主要目的是对使用硬件描述语言（HDL）设计的电路进行仿真验证，测试设计电路的功能、性能是否与预期的目标相符。该文件主要功能是对设计提供激励源信号，换句话说就是一个激励产生器，并能在一些专用的软件中提供良好的 debug 接口。

任何数字系统设计都是有输入输出的，为了验证设计的正确性和合理性，需要向设计提供必要的激励输入，然后观察对应输出结果，进行判断设计是否正确。但是在软件环境中不能提供真实的激励输入，因而就不能够对设计的输出正确性进行评估。此时，Testbench 正是能模拟实际环境的输入激励和输出校验的一种"虚拟平台"，在这个平台上可以对设计从软件层面进行分析和校验，这就是 Testbench 的含义。

在 EDA 集成开发环境中往往集成了仿真器，支持波形矢量文件编辑功能，可以通过绘制波形的方式，生成仿真测试模块所有输入端口所需的激励信号，然后再启动仿真，观察对应的输出结果，从而完成验证。其实 Testbench 的功能和绘图方式完成激励信号是一样的，只不过 Testbench 是依照一定的规则写成的一个.v（Verilog）或者.vhd（VHDL）的文件。

Testbench 文件可以在 FPGA 生产厂商提供的集成开发环境中运行，也可以在第三方仿真软件工具（如 ModelSim 软件）中运行，完成对设计模块的仿真验证，其功能结构如图 3.6 所示。

 Testbench 测试文件中 Verilog HDL 相关语句是不可综合的，只能用于仿真。

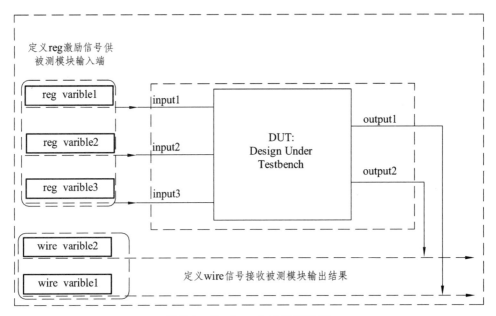

图 3.6　Testbench 功能结构图

3.2.2　任务及原理

假设现已采用 Verilog HDL 完成了 4 位二进制加法计数器电路功能描述（见图 3.7 和【代码 3.2】counter4b.v），本项目主要任务是采用 Verilog HDL 按照 Testbench 设计方法编写仿真测试激励文件，测试计数器电路功能的正确性，完成对设计仿真。即 counter4b.v 是被测试模块，通过分析被测模块的逻辑功能及输入输出端口变化规律，需要产生合理的激励信号，通过调用模块（元件例化）结构，将激励信号传递进被测模块输入端口，然后运行仿真器，就能实现逻辑功能运行，最后通过观察输出结果与输入激励信号的关系，判断设计的正确性。

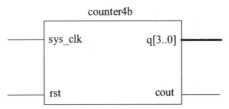

图 3.7　4 位二进制计数器实体

【代码 3.2】counter4b.v

```
1   `timescale 1ns / 1ps
2   module counter4b(sys_clk,rst,q,cout);
3     input sys_clk,rst;         //定义系统时钟、复位信号
4     output [3:0] q;            //计数结果输出端, 0~15
5     output cout;               //进位信号, 高电平有效
6     reg [3:0] cnt;             //声明计数器变量, 4 位位宽
7     reg cout;                  //将进位端口声明为寄存器 reg 类型
8     assign  q=cnt;             //将中间变量 cnt 赋值输出端口 q
9     always@(posedge sys_clk or negedge rst)  //时钟进程语句
10    begin
11      if(! rst)  cnt<=4'd0; //异步清零, rst 为低电平时, 计数器清零
12      else  cnt<=cnt+1'd1;      //否则, 每来一个时钟上升沿自动加 1
13    end
14    always@(cnt)                //产生进位信号
15    begin
16      if(cnt==4'b1111) cout<=1'd1; //当计数器计满时, 进位信号置 1
17      else cout<=1'd0;             //当计数器为计满时, 进位信号置 0
18    end
19  endmodule
```

3.2.3 设计代码

【代码 3.3】的功能实现了对计数器（counter4b.v）的仿真测试, 即为计数器编写的 Testbench 文件, 文件名为"counter4b_tb.v"。

【代码 3.3】counter4b_tb.v

```
1   `timescale 1ns / 1ps          //预编译命令定义时间单位、精度
2   module counter4b_tb();        //模块声明, 此处无需定义端口
3     reg   i_sys_clk;            //声明时钟激励信号reg型变量
4     reg   i_rst;                //声明复位激励信号reg型变量
5     wire  o_cout;               //声明接收进位信号wire型变量
6     wire  [3:0] o_q;            //声明接收计数结果wire型变量
7     counter4b u1 ( .sys_clk(i_sys_clk), //元件例化结构
8                    .rst(i_rst),        //调用被测模块counter4b
9                    .cout(o_cout),
10                   .q(o_q)
```

```
11                                        );
12     initial                              //initial结构
13     begin
14         i_sys_clk = 1'b0;            //0时刻，设置i_sys_clk初值为0
15         i_rst = 1'b0;                //0时刻，设置i_rst初值为0
16         # 100 i_rst = 1'b1;          //延时100时间单位，设置i_rst为1
17     end
18     always #50 i_sys_clk <= ~i_sys_clk;//产生周期100的时钟信号
19  endmodule
```

3.2.4　Testbench 一般结构

Testbench 的代码结构和通用的 Verilog HDL 设计代码结构基本相同，但也有细微差别。相同点是它们都是 Verilog 代码，都是以 "module" 开头，以 "endmodule" 结束。不同点是测试平台的模块不需要定义输入输出端口，但内部必须要实例化被测试的模块。其基本结构如下：

```
`timescale   时间单位/时间精度
module   测试模块名();
    变量声明;
    实例化被测试模块;
    产生激励信号（波形）;
    [监视输入输出信号];
endmodule
```

1. 时间刻度定义

在测试平台中，往往在开始之前，会采用 "`timescale" 预编译指令定义仿真器的时间单位和时间精确度。与 C 语言类似，Verilog 也有预编译指令，所有预编译指令均是以 "`" 字符开头，且结尾不需要分号 ";" 为结束标志。其中，时间单位由数字与单位组成，数字只能是 1、10 和 100 三个数字之一，单位可以是 s，ms，μs，ns，ps，fs。

时间精度也是由数字和单位组成，后面的单位是前面单位的下一个级别。如果代码中出现的时间量大于 "`timescale" 所定义的时间精度，则四舍五入到定义的时间精度内。

例3：`timescale   1ns/100ps//定义时间单位为1ns,时间精度为100ps,即0.1ns;
　　assign # 1.22 a=b; //此时表达的延时时间也为四舍五入后的1.2ns;
　　assign # 1.2 a=b; //与上述延时时间相同;

在【代码3.3】中，"`timescale 1ns/1ps" 表示定义时间单位为 1 ns，时间精度也是 1 ps。

预编译指令对应语句是不可综合的。

2. 测试模块名

编写测试平台的模块名命名规则一般会用被测试模块的名字后加上"_tb"后缀,"tb"是英语测试平台"test bench"的缩写。例如,【代码 3.3】中被测试模块是"counter4b",则测试平台的命名为"counter4b_tb"。

3. 变量声明

(1)数据对象。

在 Verilog HDL 中,所谓数据对象是指用来存放各种类型数据的容器,主要包含常量和变量。其中,常量是指恒定不变的量,一般是一个具体数值,在程序开始之前定义,用来表示模块内部或外部的参数,类似于 C 语言中的宏定义常量;变量是指在程序运行时其值可以改变的量,在 Verilog HDL 中的变量主要分为网络型(nets type)和寄存器型(register type)两种,如图 3.8 所示。

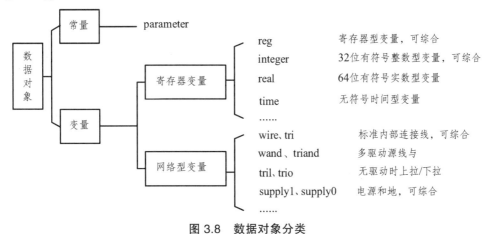

图 3.8 数据对象分类

在采用 Verilog HDL 进行电路设计时,最常用的变量类型为 reg 和 wire 两种,其余类型如 real 和 time 寄存器变量都是纯数学的抽象描述,往往不对应任何具体的硬件电路,即这种寄存器类型均不可综合,在特殊电路描述中使用,此处不再详述。

(2)变量声明格式。

所有数据对象必须遵循先声明后使用原则,其定义格式如下:

```
reg 变量名1, 变量名2…;
reg [m:n] 变量名1, 变量名2…;
wire 变量名;
wire [m:n] 变量名1, 变量名2…;
parameter 常量名 = 值;
```

其中，reg 为寄存器变量的关键词，只能小写，格式中可以定义相应变量的位宽参数，默认位宽为 1 位，也可以用[m：n]格式表明所需要的矢量位宽。

```
例4:     parameter value=1000; //声明常量value值为1000
         wire  q;              //声明了1个位宽为1位的线网型变量
         reg  a,b;             //声明了2个位宽为1位的寄存器变量a和b
         reg  [7:0] data;      /*声明了1个位宽为8位的寄存器变量data，data
                                 [7]是高位，data[0]是低位*/
         data = 8'b00000000; //向整个寄存器data赋值，全0
         data[5:3] = 3'b111;  //向寄存器data部分位赋值，第5位到3位
         data[1] = 1'b1;      //向寄存器data某一位赋值，第1位赋值为1
```

（3）reg 和 wire 的区别。

reg 型变量是对数据存储元件的抽象表述，从当前赋值到下一次赋值之前，保持当前的值不变，由赋值语句改变寄存器变量中的值；wire 型变量表示器件之间的物理连线，需要门和模块的驱动，wire 型变量不能保存值，只能传递数据，其输出始终根据输入的变化而变化。

在 Verilog 模块设计中所有声明的端口默认为 wire 型，所有 wire 型的变量需要由 assign 连续赋值语句提供驱动源数据；reg 型变量只能在 initial 和 always 内部进行赋值操作，反之，在 initial 和 always 内部的赋值对象必须是 reg 型变量。

（4）Testbench 中变量声明技巧。

在编写 Testbench 代码中变量声明是为被测试模块提供对应接口，与被测试模块端口对应即可，数量、位宽保持不变，变量名可以与待测模块端口名一致，也可自己任取，但变量数据类型应该把被测试模块的输入端口对应声明为 reg 型，而输出端口声明为 wire 型，双向端口需要另外的处理，即与输入端口相连接的变量定义为 reg，与输出端口相连的定义为 wire。

例如【代码 3.1】模块中端口有 1 输入 key 和 1 输出 led，如果要对该电路进行仿真测试，那么对应的 Testbench 的变量声明部分只需定义一个 reg 型变量和一个 wire 型变量即可，如下所示。

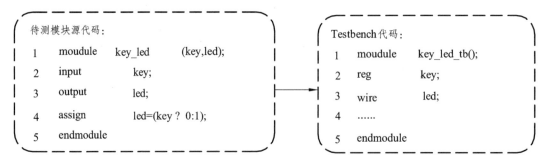

4. 实例化被测试模块

实例化被测试模块是对被测试模块进行端口映射，把产生的输入激励信号连接到被测试模块的输入端口中。同时，连接输出端口以便观察输出结果。一般采用 Verilog 实例化方法即可（元件例化语句结构见后文所述）。

5. 产生激励信号（波形）

根据待测模块逻辑功能和输入端口变化规律，往往采用 initial 语句和 always 过程语句实现激励信号（波形）的产生。激励信号可分为一次特定的序列和重复的信号两类，一般需要为待测模块每一个输入端口产生一个激励信号，信号取值变化或波形形状视端口功能含义而定。

6. 监视输入输出信号

可以通过调用相关的系统任务和函数，实现对相关信号值的打印与保存功能。这些系统任务与函数主要有显示类系统任务、文件输入输出类、时间标度类、仿真控制类、仿真时间类等，如$time，$display，$write 等。在此不做详细介绍，需要深入理解时请参考其他书籍。

3.2.5 元件例化语句

1. 层次化设计概念

Verilog HDL 采用的是自顶向下的设计方法，无论多么复杂的系统，总能划分为多个小的功能模块，每个小的功能模块又可以继续往下细分为功能更简单的若干模块，直到能用最简单、最基本的常见电路单元实现为止，这种设计方法称为层次化设计。模块是分层的，高层模块通过调用、连接低层模块的实例来实现复杂功能，各模块连接完成的整个系统称为顶层模块（top-module），如图 3.9 所示。

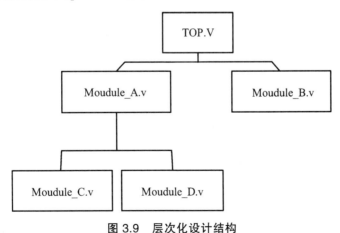

图 3.9　层次化设计结构

在图 3.9 中，顶层系统设计文件 Top.v 是由调用模块 A 和模块 B 实现，而模块 A 又是由调用模块 C 和模块 D 实现。其中，模块 A 和 B 对 Top.v 而言称为底层被调用模块（或称为子模块），Top.v 称为顶层模块；模块 C 和 D 对模块 A 而言称为底层模块（子模块），此时模块 A 称为顶层模块。

2. 元件例化语句

Verilog HDL 提供了将一个模块嵌入到其他模块的层次化描述语句，即在一个模块设计中调用其他功能单元模块的语句，称为元件例化语句。高层次模块创建低层次模块的例化，并且通过 input、output 和 inout 端口进行通信，其基本结构如下所示：

<模块名>　　<例化名>　　（<端口映射表达式>）;

其中，<模块名>是指被调用底层元件的模块名（实体名），<例化名>是指被调用模块在顶层中系统电路中的位置，也称为例化号，只是一个编号而已，例如 u1、u2……

在例化语句结构中的端口映射表达式有位置关联和名称关联两种表达方式，具体格式如下所示。

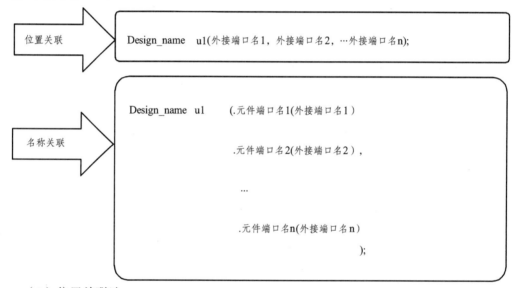

（1）位置关联法。

在调用模块时，需严格按照模块定义的端口顺序来连接，按位置对应，不用标明底层模块定义时规定的端口名，故在放置外接端口名的时候对位置顺序有要求，不能交换顺序。

（2）名称关联法。

在调用模块时，用"."符号，标明底层模块定义时规定的端口名，此时端口名放置的前后顺序位置没有关系，可以任意放置。建议在例化结构中尽可能使用此方法。

（3）悬空端口的处理。

在实例化中，可能有些管脚没有用到，可在端口映射中采用空白处理。对于输入管脚悬空，该管脚输入为高阻 Z；输出管脚悬空，该管脚废弃不用。

3.2.6 块语句 begin_end

在【代码 3.3】中，由关键词 begin 和 end 引导的程序段，称为块语句。"begin_end"块语句其实就相当于 C 语言中的一组大括号"{　}"作用。

"begin_end"属于顺序块语句，内部语句顺序执行。通常用来将多条顺序语句组合成一个整体，构成一个顺序块，也可以有类似于大括号的多重嵌套功能。常常用在 initial 语句、always 语句、if 语句、case 等语句中，基本格式如下：

```
begin   [:块名]
        顺序语句1;
        顺序语句2;
        ...
        顺序语句n;
end
```

3.2.7 时　延

时延控制是 Verilog HDL 对硬件电路中信号走线与信号高低电平转化所需时间的建模。常常分为赋值延时和门延时。赋值延时类似于硬件中的连线，是对赋值操作符右边的值送到左边的信号的连线进行延时建模，其基本语法格式如下：

```
#  延时量  赋值语句;
```

其中，"#"是时延控制符号，延时量表示具体延时的时间长度，是一个常数。

例5：assign # 4 i_rst_n=1'b1;//表示4个时间单位后，将1赋值给i_rst_n端口；
　　　　assign　#20　a=b;　　　//表示b值计算好后，延时20个时间单位送给a;

3.2.8 过程语句

在 Verilog HDL 中，结构化过程语句主要包含 4 种：initial 结构、always 结构、task 任务结构、function 函数结构。其中，always 结构属于可综合的过程语句，initial 结构通常用于仿真模块对激励信号的描述，或用于给寄存器变量分配初值，不可综合。

1. initial 语句

initial 语句引导的顺序代码段只执行一次，在仿真开始时执行 initial 语句，其基本语法如下：

```
initial
        begin
            语句1；
            语句2；
            …
            语句n；
        end
```

一般可以使用 initial 语句和延时控制来产生一个特定序列信号，如下面的代码运行，产生如图 3.10 所示的信号结果。

```
1    `timescale 1ns/1ns
2    module  gen_xulie;
3        reg  m;
4        initial
5            begin
6                    m=0;
7                #10  m=1;
8                #20  m=0;
9                #5   m=1;
10               #10  m=0;
11           end
12   endmodule
```

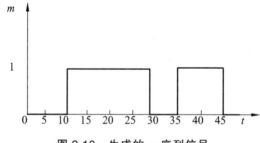

图 3.10　生成的 m 序列信号

2. always 语句

　　always 语句是 Verilog 语言中最为重要的语句结构之一，因为它不是一条简单意义上的单行语句,它总是和其他相关语句一起构成一个功能完整单元块,因此一个复杂 Verilog 模块往往是由多个 always 块语句构成，其语法结构如下：

```
always @（敏感信号列表或表达式）
    begin
            各类顺序语句;
    end
```

（1）always 语句功能。

"always @"是固定关键词，用于引导顺序语句块，在 Verilog 中，一切顺序语句都必须由 always 引导。但 always 引导的语句块整体又是一个并行结构，即当一个模块中有多个 always 语句时，它们是并行结构，程序功能或执行过程与出现位置先后顺序没有关系。

（2）敏感信号列表或表达式。

"always @"旁边的括号内容称为敏感信号，其作用是引起 always 语句被执行的条件，通常要求将过程语句中所有的输入信号都放在敏感信号列表中。当敏感信号不只 1 个时，其括号中出现形式有以下几种：

① 关键词"or"连接。

当有多个敏感信号需要放进括号时，可以用关键词"or"进行连接，表示逻辑或的关系，即当其中任何一个信号发生变化时，都将引起该过程语句执行。

② 逗号形式。

除了使用文字"or"以外，也可以用逗号分隔。

③ 省略形式。

因为目前的 Verilog 综合器都默认过程语句的敏感信号列表中会列全了所有应该被列入的信号，所以即使设计者少列、漏列，也不会影响综合结果，最多在编译时给出警告信息。因此，敏感信号列表也可以不写任何信号名，而只写成(*)，或写成"always@(*)"，都是可以的。

（3）always 执行过程。

过程语句的执行必须依赖于敏感信号列表中某个信号或几个信号的变化（也称事件发生），即只有当敏感信号列表中的信号发生变化时，过程语句块才会被执行。执行一次后返回到 always 开始处，进入等待状态，直到下一次敏感信号发生变化，才会重新执行程序代码。如果没有任何敏感信号发生变化，那么该段过程语句块，将永远不会被执行。

（4）always 特殊结构。

在本项目【代码 3.3】中，语句"always #50 i_sys_clk <= ~ i_sys_clk;"表示每间隔 50 个时间单位，执行"i_sys_clk"变量翻转操作，实现产生周期时钟信号。

 always 过程语句中的赋值操作对象必须是 reg 型变量。

3. initial 和 always 的区别

initial 和 always 是两个基本的过程结构语句，在仿真的一开始就相互并行执行。其主要区别在于，always 语句是不断重复执行相应操作，而 initial 语句则只执行一次。

3.2.9　常见激励信号产生方法

最常用的激励信号主要包含时钟周期信号和复位信号，时钟周期重复信号一般有两种产生方法，一种是用 always 进程语句，另一种是用循环语句。always 语句一般用于产生简单的重复信号，如时钟信号等；而复杂的重复序列则可以在 initial 内部潜入循环语句，如 while，repeat，for，forever 等实现。

1. 产生时钟信号的几种方式

（1）产生占空比 50% 的时钟（方式一，见图 3.11）。

```
...
initial
begin
   clk=0;    //赋初值
   # delay;
   forever    //循环语句
   #(period/2) clk=~clk; //延时周期一半，执行翻转操作
end
... //注意一定要给时钟赋初值，因为信号的缺省值是 Z
```

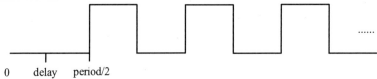

图 3.11　时钟周期信号波形

（2）产生占空比 50% 的时钟（方式二，见图 3.12）。

```
...
initial
     clk=0;    //赋初值
always
     #(period/2) clk=~clk; //延时周期一半，执行翻转操作
... //注意一定要给时钟赋初值，因为信号的缺省值是 Z
```

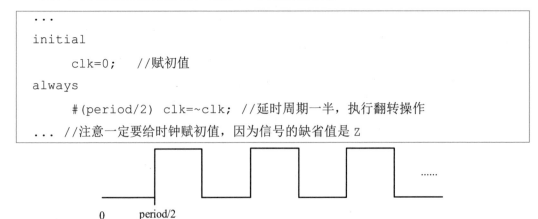

图 3.12　时钟周期信号波形

（3）产生确定数目的时钟脉冲（方式三，见图 3.13）。

```
...
initial
begin
   clk=0;         //赋初值
   repeat(6)      //重复执行下列语句6次
   #(period/2) clk=~clk; //延时周期一半，执行翻转操作
end
... //注意一定要给时钟赋初值，因为信号的缺省值是z
```

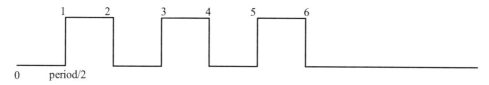

图 3.13   3 时钟脉冲波形

（4）产生占空比非 50%的时钟（方式四，见图 3.14）。

```
...
initial
    clk=0;    //赋初值
always
begin
    #5 clk=~clk; //延时5个时间单位，执行翻转操作
    #2 clk=~clk; //延时 2 个时间单位，执行翻转操作
end
...
```

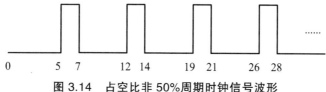

图 3.14   占空比非 50%周期时钟信号波形

2. 产生异步复位信号（见图 3.15）

```
...
initial
begin
   rst=1;    //0时刻，置1
```

```
    # 50;    //等待50个时间单位
    rst=0;   //第50个时间单位时，置0
    # 200 ;  //等待200个时间单位
    rst=1;    //第250个时间单位时，置1，后一直保持为1
end
...
```

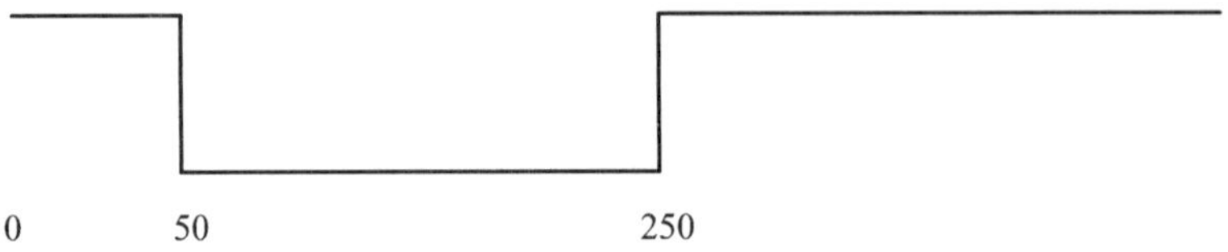

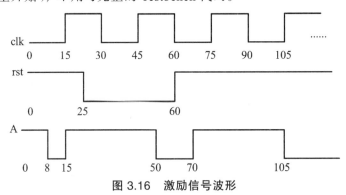

图 3.15   异步复位信号波形

3.2.10   习题与实验

1. 根据 Testbench 设计方法，请编写相应代码 key_led_tb.v，实现对【代码 3.1】"key_led.v"逻辑功能仿真测试。

2. 已知某设计电路的输入激励信号 clk，rst，A，其变化规律如图 3.16 所示，为了能实现对该电路功能仿真，请运用 Verilog HDL 相关语句，完成此激励信号产生的代码段（从声明必要的变量开始），不用写完整的 Testbench 代码。

图 3.16   激励信号波形

3. 阅读 Testbench 测试文件【代码 3-4】，画出激励信号 a，b，c 的波形图。

【代码 3.4】gen_signal.v

```
1        `timescale 1ns/1ns
2        module  gen_signal;
3            reg  a;
4            reg  b;
5            reg  c;
6            initial
7                begin
```

```
8              a=0;
9           forever
10             # 2  a=~a;
11         end
12      initial
13        begin
14             b=0;
15          forever
16            begin
17               # 1  b=1;
18               # 2  b=0;
19               # 3  b=1;
20               # 4  b=0;
21            end
22         end
23      initial
24        c=0;
25      always  #4  c=~c;
26   endmodule
```

4. 已知采用 Verilog HDL 完成了简易分频器电路代码设计，如【代码 3.5】所示，但不能确定设计功能是否正确，请编写 Testbench 测试文件（div_freq_tb.v），实现对该电路的功能仿真测试。

【代码 3.5】简易分频器代码

```
1   module div_freq(clk,rst_n,clk_div);
2      input clk;//时钟输入信号
3      input rst_n;//低电平复位信号
4      output clk_div;//分频输出信号，连接到蜂鸣器
5      reg cnt;
6      always @(posedge clk or negedge rst_n)
7        if(!rst_n)
8           cnt <= 1'd0; //异步复位
9        else
10          cnt <= ~cnt ;
11     assign clk_div = cnt;
12  endmodule
```

5. 已知一位二进制全加器原理结构如图 3.17 所示，通过调用 2 个半加器模块（h_adder.v）和 1 个或门（or2a）构成，其中"h_adder"和"or2a"模块设计文件如【代码 3.6】和【代码 3.7】所示，请用例化方式完成对一位二进制全加器电路的 Verilog 描述。

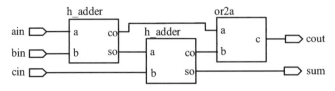

图 3.17　一位二进制全加器原理图

【代码 3.6】半加器 h_adder.v

```
1  module h_adder (a,b,so,co);
2     input  a,b;      //a,b为输入
3     output so,co;    //so为和，co为进位
4     reg    so,co;    //声明so,co为reg型
5     always @(a or b)
6     begin            //块语句begin...end
7        case({b,a}) //case语句
8        2'B00:{co,so}<=2'b00;
9        2'B01:{co,so}<=2'b01;
10       2'B10:{co,so}<=2'b01;
11       2'B11:{co,so}<=2'b10;
12       endcase
13    end
14 endmodule
```

【代码 3-7】或门 or2a.v

```
1  module or2a (a,b,c);
2     input   a,b;
3     output  c;
4     assign c=a|b;
5  endmodule
```

3.3　组合逻辑电路设计

知识点：译码器、数据选择器、编码器、加法器、数据比较器等常见组合电路的 Verilog HDL 设计方法；顺序语句（case 语句和 if 语句）；数字表达格式；阻塞和非阻塞赋值。

重　点：掌握顺序语句使用方法，译码器和数据选择器描述方法，阻塞和非阻塞区别。

难　点：if 语句和 case 语句的相互嵌套使用方法。

在学习数字电子技术课程中，我们已经知道所有的数字系统均可划分为两类电路，即组合电路和时序电路，典型的组合电路主要包括译码器、数据选择器、编码器、数据比较器、加法器、减法器和乘法器等，本节将详细介绍常见组合电路的 Verilog HDL 描述方法。

3.3.1　译码器（74LS138）

译码器是一种多输入多输出的组合逻辑电路，负责将二进制代码翻译为特定的对象（如逻辑电平），或将某一特定的输入状态翻译为其他具有特定物理含义的事件状态，往往是输入和输出一一对应关系。典型的如 3-8 译码器、2-4 译码器、七段码译码器等。本小节将以 74LS138 译码器为例详细介绍译码器设计方法。

1. 74LS138 译码器功能简介

图 3.18 给出了 74LS138 3-8 译码器的管脚符号描述，通过阅读器件数据手册（Datasheet），可以获得各管脚功能，其中引脚 C，B，A 为 3 位数据输入端，C 为高位；Y7～Y0 是译码数据输出端，用来表示译码输出组合，低电平有效；G1，G2A，G2B 是使能控制端，G1 高电平有效，G2A，G2B 低电平有效。表 3.2 是 74LS138 的功能表，当使能控制端有效时，在一个时刻输出引脚 Y7～Y0 中只有一位为低，其余输出均为高，且输出状态为低的信号位码编号与输入三位数据的值对应，即当输入 CBA=000 时，Y7～Y0=11111110（即只有 Y0=0）；当 CBA=001 时，Y7～Y0=11111101（即 Y1=0），以此类推；当使能控制端无效时，Y7～Y0 全部输出为高。

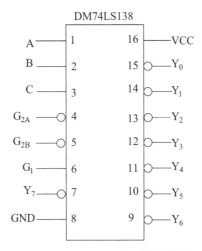

图 3.18　74LS138 译码器管脚图

表 3.2　74LS138 译码器功能表

输入						输出							
使能			数据										
G1	G2A	G2B	C	B	A	Y0	Y1	Y2	Y3	Y4	Y5	Y6	Y7
×	1	×	×	×	×	1	1	1	1	1	1	1	1

续表

输入						输出							
使能			数据										
×	.×	1	×	×	×	1	1	1	1	1	1	1	1
0	×	×	×	×	×	1	1	1	1	1	1	1	1
1	0	0	0	0	0	0	1	1	1	1	1	1	1
1	0	0	0	0	1	1	0	1	1	1	1	1	1
1	0	0	0	1	0	1	1	0	1	1	1	1	1
1	0	0	0	1	1	1	1	1	0	1	1	1	1
1	0	0	1	0	0	1	1	1	1	0	1	1	1
1	0	0	1	0	1	1	1	1	1	1	0	1	1
1	0	0	1	1	0	1	1	1	1	1	1	0	1
1	0	0	1	1	1	1	1	1	1	1	1	1	0

2. 设计代码

根据 74LS138 译码器的逻辑功能，完成 Verilog HDL 代码如【代码 3.7】所示，代码中主要采用 if 语句实现使能端控制逻辑描述，采用 case 语句实现对不同状态输入时使输出获取唯一取值的操作，重点理解 case 语句特点，领会其应用场景。

【代码 3.7】74LS138 译码器设计代码

```
1        module  decoder_74ls138 (G1,G2A_L,G2B_L,A,B,C,Y_L);
2            input   G1,G2A_L,G2B_L; //使能控制端，后缀_L 表示低有效
3            input   A,B,C;          //3 位输入端
4            output  [7:0] Y_L;      //8 位输出端，Y0～Y7
5            reg     [7:0] Y_L;      //将 Y_L 定义为寄存器类型
6            always @(G1 or G2A_L or G2B_L or A or B or C)
7            begin
8             if(G1&&~G2A_L&&~G2B_L)  //如果使能端有效时，执行 case 语句
9                case ({C,B,A})//case 语句描述不同 C,B,A 取值对应逻辑输出
10               3'B000:Y_L=8'b1111_1110; //_是数字间隔符，不改变数字值
11               3'B001:Y_L=8'b1111_1101;
12               3'B010:Y_L=8'b1111_1011;
13               3'B011:Y_L=8'b1111_0111;
14               3'B100:Y_L=8'b1110_1111;
15               3'B101:Y_L=8'b1101_1111;
16               3'B110:Y_L=8'b1011_1111;
```

```
17              3'B111:Y_L=8'b0111_1111;
18              default:Y_L=8'b1111_1111;
19            endcase
20          else
21              Y_L=8'b1111_1111;
22        end
23    endmodule
```

通过 Vivado 对【代码 3.7】进行综合实现后，可查看 RTL 级电路结果，如图 3.19 所示。其中，代码综合后生成了"RTL_ROM"存储器结构的查找表单元实现了 case 语句功能；2 选 1 数据选择器"RTL_MUX"单元实现了 if 语句判断功能；两个"RTL_AND"单元实现了 if 语句中条件表达式"G1&& ~ G2A_L&& ~ G2B_L"的电路功能。由此可见，硬件描述语言的每一个语句结构都将对应一个具体硬件电路单元，故硬件描述语言的代码设计结果是硬件，与 C 语言等软件语言的结果（二进制代码流，只能供 CPU 识别处理）有本质区别，不能用 C 语言的代码编写思想转移到 Verilog HDL 语言的学习中。

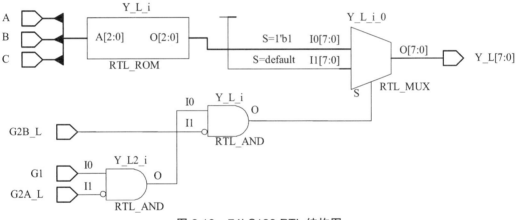

图 3.19　74LS138 RTL 结构图

3. if_else 语句

在 Verilog 中，条件语句（if_else 语句）用于表达执行某项由条件控制是否操作的结构，即往往表达"当某个条件为真时，执行某项操作；否则，执行另外的操作"。常见有以下三种表述方法：

（1）表述方法 1。

```
                end
        else if (条件表达式 2)
                begin
                        顺序语句 1；
                        ...
                        顺序语句 n；
                end
        ...
        else
                begin
                        顺序语句 1；
                        ...
                        顺序语句 n；
                end
```

在表述方法 1 中，表示有多个条件分支选项时的 if 结构，"条件表达式"一般为逻辑表达式或关系表达式，也可以是位宽为 1 位的变量。若表达式计算结果为 0、x、z 时，按"假"处理，若为 1 时，按"真"处理。其功能是首先判断条件表达式 1 的逻辑值，如果为真，则执行后面的语句块；如果条件表达式 1 为假，则继续判断条件表达式 2 的逻辑值，选择执行后面的块语句；如果所有表达式都为假，则执行最后的 else 后面的块语句。

（2）表述方法 2。

```
        if (条件表达式)
                begin
                        顺序语句 1；
                        顺序语句 n；
                end
        else
                begin
                        顺序语句 1；
                        顺序语句 n；
                end
```

（3）表述方法 3。

```
        if (条件表达式)
                begin
                        顺序语句 1；
```

```
                  顺序语句 2；
                  …
                  顺序语句 n；
            end
```

  表述方法 2 适合于条件分支选项只有两个，即条件成立和不成立时都对应有相应操作。表述方法 3 中只表达了条件成立时对应的操作，没有描述条件不成立时的电路功能，故称为不完整条件语句。在综合时，往往会将不完整条件语句对应成时序电路，完整条件语句对应成组合电路。因此 if 语句的 else 分支项写与不写，将会对电路的综合结果有影响，可能会出现不同的综合结果。

  （1）if 语句属于顺序语句，Verilog HDL 规定所有顺序语句必须用 always 语句来引导，不能单独使用！

  （2）当条件成立后对应的执行操作不止一条语句时，一定要使用"begin_end"将多条语句构成顺序块语句，如果只有一条执行语句，则可省略"begin_end"。

4. case 语句

  在 Verilog 中有两类可综合的条件语句，即 if_else 和 case_endcase 语句，它们都属于顺序语句，因此必须放在 always 过程语句中。case 语句是一种多分支语句，可以用来直接描述真值表，常常用于译码器、数据选择器、状态机、存储器等设计。基本格式如下：

```
case   （表达式）
    选择值 1 ： begin
                    语句 1；
                    …
                    语句 n；
              end
    选择值 2 ： begin
                    语句 1；
                    …
                    语句 m；
              end
    …
    选择值 n ： begin
                    语句 1；
                    …
                    语句 k；
              end
    default  ： 语句；
endcase
```

case 语句由关键词 "case_endcase" 构成，执行该语句时，首先计算表达式的值，然后执行选择值与表达式值相同的冒号后边的语句或块语句，当所有的选择值都不与表达式的值相同时，则执行 "default" 后的语句。

（1）case 语句中表达式必须是一个，不能同时对多个表达式进行讨论。

（2）所有选择值必须在表达式的取值范围之类，且数据类型必须匹配。

（3）允许出现多个选择值取相同值的情况，这时，代码将执行最先满足条件的分支项，然后随即跳出 case。

（4）除非把所有表达式的取值都列完，否则最后一行必须加上关键词 "default" 引导的语句。

（5）注意 if_else 和 case 语句是可以相互嵌套使用的。

5. 逻辑值和数字格式

（1）逻辑值。

在 Verilog 中有 4 种基本逻辑值，分别是 1、0、z（或 Z）和 x（或 X），其含义如下：

① 1：含义可以是二进制数字 1、高电平、逻辑 1 和事件为真的判断结果。

② 0：含义可以是二进制数字 0、低电平、逻辑 0 和事件为假的判断结果。

③ z 或（Z）：含义是高阻态或高阻值。高阻值还可以用问号 "？" 表示。

④ x 或（X）：含义是不确定，或未知的逻辑状态。X 和 Z 都不分大小写。

（2）数字格式。

在【代码 3.7】中出现了不同的数据格式表达形式，Verilog 中定义了一个二进制数的一般格式如下：

<位宽>'<进制> <数字>

在该格式中，符号 "'"（撇）左侧的 "位宽" 常常是一个十进制数，表示二进制数的位数；撇右侧的 "进制" 常常是用字母 B、O、H、D 之一来表示 "数字" 的进制，其中 B 是二进制、O 是八进制、H 是十六进制、D 是十进制，这几个字母不分大小写。

例 6：2'b10　　//表示二进制数的 10；

4'B1011　//表示二进制数的 1011；

4'hA　　//表示二进制数的 1010；

4'D7　　//表示二进制数的 0111；

（1）这种格式的数字表示中，位宽可以省略，如 'b10，'hA 等。

（2）十进制数的位宽和进制都可以省略，直接写数字，如 120，表示十进制数 120。

（3）x 和 z 可以出现在除了十进制数以外的数字形式中。x 和 z 所占位数，由所在数字进制决定，二进制数中，一个 x 或 z 表示 1 位；十六进制中，一个 x 或 z 表示 4 位；八进制中，一个 x 或 z 表示 3 位。例如，'b1111xxxx 等价于'hfx；'b1101zzzz 等价于'hdz。

6. 并位运算符 { }

在【代码 3.7】的 case 语句表达式中，有这样的表达形式 "{C，B，A}"，这里大括号 "{ }" 是并位运算符。它的功能是将两个或多个信号按照二进制位拼接起来，作为一个整体信号使用。例如，【代码 3.7】中 3 个输入信号 C、B、A 各自取值范围是二进制数 0 和 1，若将它们用并位运算符拼接起来后就得到了一个 3 位宽度的矢量信号，这个新的信号取值范围将是 3 位二进制数范围。注意在进行并位运算时，每个成员的位置和顺序关系。

> 例7：assign {cout,sum} = ain+bin+cin;
>   /*将 cout 和 sum 同时赋值，且将等号右边表达式结果高位赋值给 cout*/
>   assign Y={a,y[7:6]};   //实现右移操作，Y 位宽 8 位

3.3.2 多路选择器（4选1）

在数字系统设计中，经常需要把多个不同通道的信号选送到公共的信号通道上，即"多输入一输出""千军万马过独木桥"的电路特点，此时可设置选通条件决定哪个通道信号被输出，这样的电路可以使用多路选择器实现。常使用 case 语句或 if_else 语句实现。本小节以 4 选 1 多路选择器为例，旨在介绍多路选择器的 Verilog 设计实现方法。

1. 4选1多路选择器功能简介

4 选 1 多路选择器的功能如表 3.3 所示，电路设计模型或设计实体外观如图 3.20 所示。图中，A、B、C、D 是 4 个输入端口，S1、S0 为通道选择控制信号端，Y 为输出端。当 S1 和 S0 取值分别为 00、01、10、11 时，输出端 Y 将分别输出来自输入端口 A、B、C、D 的数据。

表 3.3　4 选 1 多路选择器

S1	S0	Y
0	0	A
0	1	B
1	0	C
1	1	D

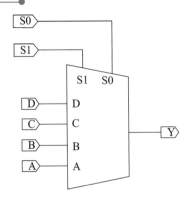

图 3.20　4 选 1 多路选择器

2. 设计代码

【代码 3.8】4 选 1 多路选择器设计方法

```
1      module  mux4_1 (A,B,C,D,S0,S1,Y); //声明模块名和 7 个端口
2          input   A,B,C,D;           //定义 A,B,C 为输入模式，位宽为 1 位
3          input   S0,S1;             //定义 S0,S1 为输入模式，位宽为 1 位
4          output  Y;                 //定义 Y 为输出模式，位宽为 1 位
5          reg     [1:0] SEL;         //声明 2 位宽的 reg 型变量
6          reg     Y;                 //声明 Y 为 reg 型寄存器变量
7          always @(A,B,C,D,SEL)      //过程控制语句 always
8            begin                    //块语句 begin...end
9                SEL =  {S1,S0};      //位拼接运算赋值
10               if (SEL == 0) Y<=A;  //if 语句
11               else if (SEL == 1) Y<=B;
12               else if (SEL == 2) Y<=C;
13               else    Y<=D;
14           end
15     endmodule
```

【代码 3.8】是采用 if_else 语句实现的 4 选 1 多路选择器的 Verilog 代码。此代码基本含义是，当 always 过程语句的敏感信号有变化时，开始执行"begin_end"块语句代码，而在该块语句内部首先将 S0 和 S1 拼接成为 2 位位宽的数据赋值给寄存器变量 SEL，然后用 if 条件语句对 SEL 取值进行判断，当"SEL==0"条件为真时，输出 A 的值；否则如果"SEL==1"条件为真时，输出 B 的值；否则如果"SEL==2"条件为真时，输出 C 的值；上述条件都不成立时，输出 D 的值。通过 Vivado 对【代码 3.8】进行综合实现后，可查看 RTL 电路结果，如图 3.21 所示。

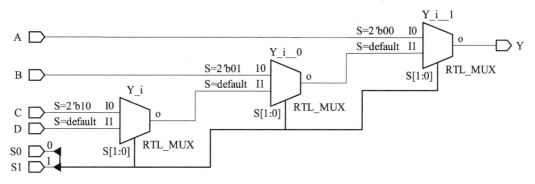

图 3.21　4 选 1 多路选择器 RTL 电路结构

3. 阻塞和非阻塞赋值语句

在【代码 3.8】的 always 过程语句中，使用了两种赋值符号，分别是 "=" 和 "<="，它们分别对应了两种赋值方式，即阻塞式赋值和非阻塞式赋值。

（1）阻塞式赋值。

Verilog 中，使用普通等号 "=" 作为赋值符号的赋值语句称为阻塞式赋值，如 "SEL = {S1，S0}；"。其赋值特点是，一旦执行完赋值操作，赋值目标变量的值立即发生改变，即 "=" 左边的目标变量立即获得右边表达式的值。

所谓 "阻塞" 可以理解为阻止顺序语句块中其他语句的执行。例如，在一个块语句中，如果含有多条阻塞式赋值语句，当执行到其中某条语句时，如果该语句没有执行完，那么其后面的语句将处于等待中，不会被执行，好像都被阻塞了一样，即其他语句不可能被同时执行。

（2）非阻塞式赋值。

使用 "<=" 作为赋值符号的赋值语句称为非阻塞式赋值，如 "Y<=A；"。其赋值特点是：所有过程语句中的非阻塞赋值语句，必须在块语句执行结束时才会整体完成赋值更新。

所谓 "非阻塞" 的含义可以理解为对顺序语句块中的其他语句的执行，一律不加限制、影响和阻塞。即在 "begin_end" 块语句中的所有赋值语句都可以并行运行。

（1）assign 赋值语句中只能使用 "="，且等号左边的目标对象只能是 wire 型。

（2）always 语句中，两种赋值符号都可使用，但等号左边的目标对象只能是 reg 型变量。

（3）有时，在 always 过程语句中，两种赋值符号可以互换，但在大多时候，不同的赋值符号将导致不同的电路结构和逻辑功能。

（4）对同一变量，阻塞和非阻塞赋值语句不能混合使用。

为了更好理解阻塞和非阻塞区别，请看下面两段分别是使用阻塞语句和非阻塞语句代码示例。

例 8　使用阻塞赋值代码示例

```
module exp1 (input clk,input data,
             output reg y );
    reg A,B,C;
    always@(posedge clk)
    begin
        A=data;
        B=A;
        C=B;
        y=C;
    end
endmodule
```

例 9　使用非阻塞赋值代码示例

```
module exp2 (input clk,input data,
output reg y );
    reg A,B,C;
    always@(posedge clk)
    begin
        A<=data;
        B<=A;
        C<=B;
        y<=C;
    end
endmodule
```

图 3.22 是例 8 综合后的 RTL 电路结构图，图 3.23 是例 9 综合后的 RTL 电路结构图。从两幅 RTL 电路结构图中不难发现，阻塞表达描述电路最后只使用了一个 D 触发器，而非阻塞表达电路最后使用了 4 个 D 触发器。也就是从 data 的输入端数据如果要传输到输出端 y，如果采用例 8 阻塞的表达方式则只需一个 clk 时钟时间，如果采用例 9 非阻塞的表达方式则需要 4 个时钟才能完成信号的传递输出。因此，两种表达综合电路后的结果是截然不同的。

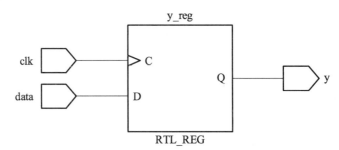

图 3.22　使用阻塞表达的 RTL 结构

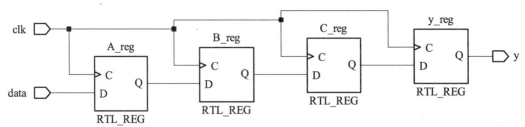

图 3.23　使用非阻塞表达的 RTL 结构

4. 逻辑操作符

在【代码 3.8】的 if 语句条件表达式中使用了 "==" 操作符，称为等值操作符，在

Verilog 中常见操作符见表 3.4 所示。

表 3.4 常见操作符

种类	符号	功能	结果
算术操作符	+、—、*、/、%、**	加、减、乘、除、求余、乘方	数值
逻辑操作符	&&、||、!	逻辑与、逻辑或、逻辑非	真假
位运算	~、&、|、^、^~ 或 ~^	按位取反、按位与、按位或、按位异或、按位同或	数值
关系操作符	<、<=、>、>=	小于、小于等于、大于、大于等于	真假
等值操作符	==、!=、===、!==	等于、不等、全等、不全等	真假
缩减操作符	&、~&、|、~|、^、^~ 或 ~^	缩减与、缩减与非、缩减或、缩减或非、异或、同或	真假
移位操作符	<<、>>	左移、右移	数值

其中等值操作符主要包含 4 种："=="“!=”“===”“!==”，往往用来对两个操作数进行比较，判断是否相等。而相等操作符“==”与全等操作符“===”的区别是，使用相等“==”时，必须两个操作数逐位相等，其比较结果的值才为 1（真），如果某些位是不定值或高阻态，其比较结果为不定值；当使用全等“===”时，对不定值或高阻状态位也进行比较，当两个操作数完全一致时，其结果才为 1（真），否则为 0（假）。

> **例 10：** 设 A='b101xx01, B='b101xx01, 则
> if (A==B)   //此时条件表达式为未知（条件不成立）；
> if (A===B) //此时条件表达式为真（条件成立）；

3.3.4 编码器（8/3 线优先编码器）

将某一信息用一组按一定规律排列的二进制代码描述称为编码，典型的有 8421 码和 BCD 码等。

1. 8/3 线优先编码器功能简介

8/3 线优先编码器的功能见表 3.5 所示，a0 ~ a7 是 8 个信号输入端，a7 优先级最高，a0 的优先级最低。当 a7 有效时（低电平 0），其他输入信号无论取何值，编码输出"y2y1y0=000"；当 a7 无效时（高电平 1），次而判断 a6 是否有效（低电平 0），则"y2y1y0=001"，以此类推。

表 3.5　8 线/3 线优先编码器的功能表

输入								输出		
a0	a1	a2	a3	a4	a5	a6	a7	y2	y1	y0
×	×	×	×	×	×	×	0	0	0	0
×	×	×	×	×	×	0	1	0	0	1
×	×	×	×	×	0	1	1	0	1	0
×	×	×	×	0	1	1	1	0	1	1
×	×	×	0	1	1	1	1	1	0	0
×	×	0	1	1	1	1	1	1	0	1
×	0	1	1	1	1	1	1	1	1	0
0	1	1	1	1	1	1	1	1	1	1

2. 设计代码

【代码 3.9】8/3 线优先编码器设计代码（74148）

```
1   module encoder_8_3(a,y);
2      input  [7:0] a;
3      output [2:0] y;
4      reg    [2:0] y;
5      always @(a)
6      begin
7         if (!a[7])    y<=3'b000;
8         else if (!a[6]) y<=3'b001;
9         else if (!a[5]) y<=3'b010;
10        else if (!a[4]) y<=3'b011;
11        else if (!a[3]) y<=3'b100;
12        else if (!a[2]) y<=3'b101;
13        else if (!a[1]) y<=3'b110;
14        else            y<=3'b111;
15     end
16  endmodule
```

通过 Vivado 对【代码 3.9】进行综合实现后，可查看 RTL 电路结构，如图 3.24 所示。

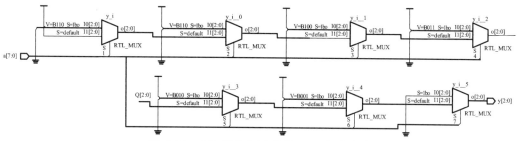

图 3.24   8/3 线优先编码器 RTL 电路结构

3.3.5 数字比较器

比较器是指对输入的两个数据进行比较，判断其大小的逻辑电路，一般使用关系运算符可以实现其功能。

【代码 3.10】比较器设计代码

```
1  module comparator(A,B,CMP);
2      input  [7:0] A,B;
3      output CMP ;
4      assign CMP=(A>=B)?1'B1:1'B0;
5  endmodule
```

3.3.6 算数逻辑单元电路设计

算数运算操作主要包括加、减、乘、除，可直接使用 Verilog HDL 提供的算术操作运算符实现其功能。

1. 加（减）法器设计

【代码 3.11】8 位加法器设计代码，RTL 电路结构如图 3.25 所示。

```
1 module adder_8(A,B,CI,SUM);
2   input  [7:0] A,B;
3   input  CI;   //进位输入端
4   output [7:0] SUM; //和输出端
5   assign SUM=A+B+CI;
6 endmodule
```

【代码 3.12】8 位减法器设计代码，RTL 电路结构如图 3.26 所示。

```
1 module sub(A,B,BI,RES);
2   input  [7:0] A,B;
3   input  BI;
4   output [7:0] RES;
5   assign RES=A-B-BI;
6 endmodule
```

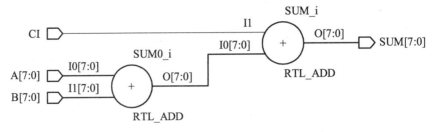

图 3.25　【代码 3.11】8 位加法器 RTL 电路结构

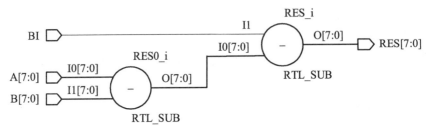

图 3.26　【代码 3.12】8 位减法器 RTL 电路结构

2. 乘（除）法器设计

【代码 3.13】8 位与 4 位乘法器设计代码，RTL 电路结构如图 3.27 所示。

```
1 module multiplier(A,B,RES);
2   input  [7:0] A;
3   input  [3:0] B;
4   output [11:0] RES;
5   assign RES=A*B;
6 endmodule
```

【代码 3.14】取整、取余操作代码，RTL 电路结构如图 3.28 所示。

```
1 module div(A,B,rounding,
            remainder);
2   input  [7:0] A,B;
3   output [7:0] rounding;
4   output [7:0] remainder;
5   assign rounding  =A/B;
6   assign remainder =A%B;
7 endmodule
```

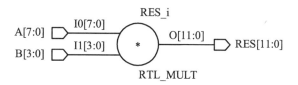

图 3.27　【代码 3.13】8 位与 4 位乘法器 RTL 电路结构

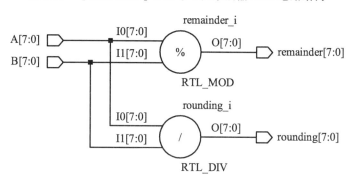

图 3.28　【代码 3.14】取整、取余操作 RTL 电路结构

3.3.7　习题与实验

1. 运用 Testbench 激励测试平台设计方法，请分别为【代码 3.7】、【代码 3.8】、【代码 3.9】、【代码 3.10】、【代码 3.11】、【代码 3.12】、【代码 3.13】、【代码 3.14】的电路编写仿真测试文件，并分别在 Vivado 中创建工程完成综合、仿真，观察仿真波形。

2. 根据 4 选 1 多路选择器电路功能，请采用 case 语句表达方式完成代码设计。

3. 数码管是最常见的数字字符显示设备，数码管内部结构是由 8 段发光二极管构成，它有两种类型，一种共阴，一种共阳结构，其中共阴极数码管内部结构如图 3.29 所示。两种结构在使用时的唯一区别是对应段码有效值相反，共阴数码管段码是高电平有效，公共端即位选端是低电平有效；共阳数码管段码是低电平有效，位选端是高电平有效。

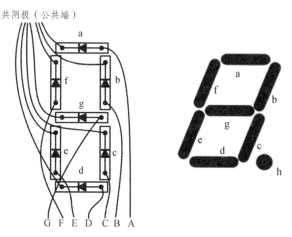

图 3.29　共阴极数码管内部结构

表 3.6 给出了 4 位二进制码到 7 段码转换的真值表（共阴极），试用 Verilog HDL 译码器结构实现对 0 ~ 9、A ~ F 的数字和字符译码显示，此处数码管为共阴数码管。

表 3.6　4 位二进制码到 7 段码转换真值表（共阴极）

din3	din2	din1	din0	g	f	e	d	c	b	a	char
0	0	0	0	0	1	1	1	1	1	1	0
0	0	0	1	0	0	0	0	1	1	0	1
0	0	1	0	1	0	1	1	0	1	1	2
0	0	1	1	1	0	0	1	1	1	1	3
0	1	0	0	1	1	0	0	1	1	0	4
0	1	0	1	1	1	0	1	1	0	1	5
0	1	1	0	1	1	1	1	1	0	1	6
0	1	1	1	0	0	0	0	1	1	1	7
1	0	0	0	1	1	1	1	1	1	1	8
1	0	0	1	1	1	0	1	1	1	1	9
1	0	1	0	1	1	1	0	1	1	1	A
1	0	1	1	1	1	1	1	1	0	0	b
1	1	0	0	0	1	1	1	0	0	1	C
1	1	0	1	1	0	1	1	1	1	0	d
1	1	1	0	1	1	1	1	0	0	1	E
1	1	1	1	1	1	1	0	0	0	1	F

4. 算术逻辑单元 ALU 设计。

算术逻辑单元（Arithmetic Logic Unit，ALU）是处理器 CPU 中用于计算的那一部分（见图 3.30）。它负责处理数据的运算工作，包括算术运算（如加、减、乘、除等），逻辑运算（如 AND、OR、NOT 等）及关系运算（比较大小等关系），并将运算的结果存回记忆单元。请使用 Verilog HDL 编写一个 4 位简易 ALU 功能电路，基本功能见真值表 3.7。

表 3.7　ALU 真值表

select[2:0]	输出	功能
000	a	传递 a
001	a+b	加法
010	a−b	减法 1
011	b−a	减法 2
100	not a	逻辑取反
101	a and b	逻辑与
110	a or b	逻辑或
111	a xor b	逻辑异或

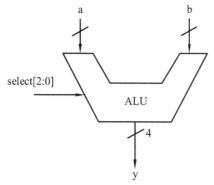

图 3.30　4 位 ALU 符号描述

3.4　时序逻辑电路设计

知识点：时钟沿表达；计数器、触发器、锁存器、移位寄存器、脉冲宽度调制和存储器等时序电路设计方法。

重　点：掌握时钟沿表达使用方法；计数器设计方法。

难　点：异步时钟和同步时钟控制方法。

时序逻辑电路的特点是在任意时刻的输出状态不仅取决于当前的输入信号，还取决于电路的原来状态。时序电路的重要标志是存在记忆单元部分，具有时钟脉冲 CLK，往往在时钟上升沿或下降沿的激励下，时序逻辑电路的状态才发生改变。时序逻辑电路可以看成是由组合电路和存储电路两部分组成，而存储电路可以由触发器构成实现其功能。

时序逻辑电路主要包括计数器、触发器、锁存器、移位寄存器、脉冲宽度调制和存储器等。

3.4.1　触发器设计

本小节将以典型的时序电路元件 D 触发器、T 触发器和 JK 触发器设计为例，详细介绍基于 Verilog 的时序电路设计表述方法和新的语法现象。

1. D 触发器设计

（1）D 触发器的功能。

D 触发器是现代数字系统设计中最基本、最常用、最具代表性的时序单元和底层元件，JK 和 T 触发器都是由 D 触发器构建而成。其外观如图 3.31 所示，功能特征是当时钟上升沿有效时，将 D 输入端信号传输给 Q 输出端输出，当时钟信号处于其他状态时，Q 输出端的值保持不变。图 3.32 是 D 触发器的时序波形，只有在上升沿时刻，Q 的值才发生改变。

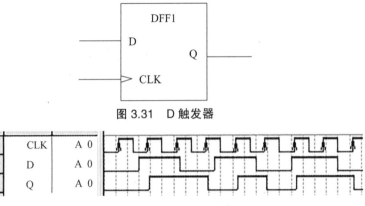

图 3.31　D 触发器

图 3.32　D 触发器的时序波形

（2）设计代码。

【代码 3.15】边沿触发型 D 触发器设计

```
1   module  DFF1 (CLK,D,Q);     //声明 D 触发器基本模块
2   input   CLK,D;
3   output  Q;
4   reg     Q;
5   always @(posedge CLK)   //CLK 上升沿启动
6   Q<=D;                       //当 CLK 上升沿时 D 被锁入 Q
7   endmodule
```

在【代码 3.15】中，只使用了一个简单的 always 语句，但对应的敏感信号表达式与之前使用大不相同，此处由关键词 posedge 引导的表达式可以理解为是对某一信号上升沿敏感的表述，或表示 CLK 上升沿到来的敏感时刻。此处表示当输入信号 CLK 出现一个上升沿时，敏感信号"posedge CLK"将启动过程语句的执行。代码综合后的 RTL 结构如图 3.33 所示。

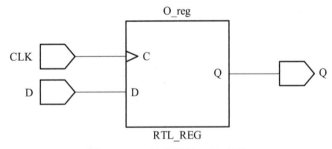

图 3.33　D 触发器的 RTL 结构

（3）时钟边沿表达式。

在时序电路的 Verilog HDL 描述中，上升沿使用关键词"posedge"表述，下降沿使用关键词"negedge"表述，其表述格式如下：

posedge　信号名　　//表述某信号的上升沿

negedge　信号名　　//表述某信号的下降沿

"posedge CLK"出现在 always 语句的敏感信号列表，此时综合器会自动构建以边沿触发型的时序结构。因此"posedge CLK"可以认为是时序元件对 CLK 信号上升沿敏感的标志符号，即凡是边沿触发性质的时序元件必须使用时钟边沿敏感表述，放置在 always 过程语句的敏感信号列表中。而没有使用该敏感表述标志所产生的电路都是电平敏感性时序电路，如下列代码所示：

```
1  module  LATCH1  (CLK,D,Q);
2    input   CLK,D;
3    output  Q;
4    reg     Q;
5    always @ (CLK or D)   //always 语句的敏感信号列表中没有使用关键
                           //词，posedge 或 negedge
6      if  (CLK)  Q<=D;   //当 CLK 为高电平时 Q 的值更新为 D 的输入
7  endmodule
```

（4）异步清零/同步使能的 D 触发器设计。

【代码 3.15】是基本功能的 D 触发器，在实际使用中，D 触发器往往还需要带有异步清零和同步使能功能。这里所谓的"异步"并非指时序的异步，而是指独立于时钟控制的复位控制端，即在任何时刻，只要 RST 复位端为 0，D 触发器的输出端即刻被清 0，与时钟状态无关。"同步"使能是指当使能信号为 1 时，必须还要在时钟 CLK 的上升沿到来时才有效，因此与时钟状态有关。含异步清零和同步时钟使能的 D 触发器设计如【代码 3.16】所示，综合后的 RTL 结构如图 3.34 所示。

【代码 3.16】异步清零/同步使能的 D 触发器设计

```
1   module DFF2 (CLK,RST,EN,D,Q);//含异步清零和时钟同步使能的 D 触发器
2    input   CLK,RST,EN,D;
3    output  Q;
4    reg     Q;
5    always @( posedge CLK  or  negedge  RST )
6      begin
7       if  ( ! RST )  Q<=0;   //如果 RST=0，Q 被清 0
8       else if  (EN)  Q<=D; //在 CLK 上升沿处，如果 EN=1，执行赋值语句
9      end
10  endmodule
```

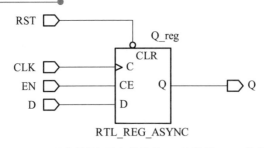

图 3.34　异步清零/同步使能的 D 触发器 RTL 结构

与【代码 3.15】相比，【代码 3.16】中多定义了一个清零端 RST 和一个使能端 EN，除此以外，在 always 进程语句的敏感信号表中还多了一个 RST 下降沿敏感表达式。

（5）时钟进程表述的特点。

前文曾经谈到，过程语句中的敏感信号列表中的敏感信号的多选、少选或漏选都不会影响电路的逻辑结构，因为综合器会默认过程语句中敏感信号列表中会列全了所有应该被列入的信号。但这种情况主要针对没有使用关键词 posedge 或 negedge 的敏感信号表。

编程时应特别注意，当敏感信号表中含有边沿敏感的 posedge 或 negedge 时，选择性的改变敏感信号的放置是会影响综合结果的。对于【代码 3.16】中虽然放置了 RST 的边沿敏感信号，但在模块中，它实际上是独立于时钟 CLK 的电平敏感型变量，这好像与 negedge 的本意不符，但在程序代码描述中，RST 的边沿敏感信号的确采用的电平判断。

另外还需注意，一旦在敏感列表中放置了 posedge 或 negedge 的边沿信号后，所有其他电平敏感型变量都不能放置在敏感信号列表中，从而导致在该过程语句内部的所有未能进入敏感信号列表的变量都必须是相对于时钟同步。所以，如果希望在同一个模块中含有独立于主时钟的时序或组合逻辑，则必须用另一个过程来描述。

（6）时钟进程设计规律。

① 如果将某一信号 A 定义为边沿敏感时钟信号，则必须在敏感信号列表中给出相应的表述，如 posedge A 或 negedge A；但在 always 进程中不能再出现信号 A 了。

② 如果将某信号 B 定义为对应于时钟的电平敏感的异步控制信号，则除了在敏感信号列表中给出对应的表述外，如 posedge B 或 negedge B，在 always 进程中必须明示信号 B 的逻辑行为，如【代码 3.16】中的 RST。特别注意这种表述的不一致性，即敏感信号声明为边沿型，但电路中却使用为电平型敏感信号。

③ 如果将某信号定义为对应于时钟的同步控制信号，则绝不能以任何形式出现在敏感信号列表中。

④ 敏感信号列表中一旦出现类似 posedge 或 negedge 的边沿型敏感表述，则绝不允许出现其他非敏感信号的表述。即敏感和非敏感表述不能同时出现在敏感信号列表中；每个过程语句中只能放置一种类型的敏感信号，不能混放。

（7）异步时序模块设计。

可以将含有时钟边沿敏感的过程语句称为时钟进程。在时序电路设计中应注意，一个时钟进程只能构成对应单一时钟信号的时序电路。如果在某一个过程中，需要构成多触发时序电路，也只能产生对应某个单一时钟的同步时序逻辑。而异步时序逻辑电路的设计则必须采用多个时钟进程语句来构成，如【代码 3.17】所示的异步时序电路设计。

【代码 3.17】异步时序电路设计

```
1 module  AMOD (CLK,A,D,Q);    //异步时序电路设计（用 2 个进程语句实现）
2    input   CLK,A,D;
3    output  Q;
4    reg     Q,Q1;
5    always @ ( posedge CLK )        //过程 1，CLK 为时钟敏感信号
6         begin  Q1<=~ (A | Q);  end
7    always @ ( posedge Q1 )         //过程 2，中间变量 Q1 为敏感时钟
8         begin  Q <= D;  end
9 endmodule
```

【代码 3.17】综合后对应的 RTL 电路结构如图 3.35 所示，分别使用了两个 D 触发器，但是两个触发器的时钟不是同一个，所以称为异步时序电路，即系统中各功能单元不随某个主控时钟同步，没有一个统一的系统时钟。这种系统是极其不稳定的，容易产生有害的冒险竞争，无法形成高速工作模块。因此，在现代数字系统设计中，极少有应用异步时序逻辑的场合，故在此不深入探讨。

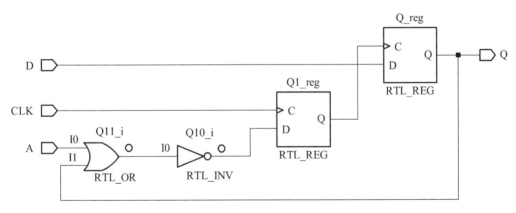

图 3.35 【例 3.17】对应的 RTL 电路图

2. T 触发器设计

T 触发器也称翻转触发器，其功能如表 3.8 所示，在时钟 CLK 的上升沿到来时，如果 T=1，输出 Q 将取反输出（即翻转）；如果 T=0，输出 Q 将保持当前值不变。完成 T 触发器代码设计。

【代码 3.18】T 触发器设计。

```
1 module  TFF1 (CLK,T,Q);
2     input   CLK,T;
3     output  Q;
4     reg     Q;
5     always @( posedge CLK )
6          if (T)  Q<=~Q;
7          else    Q<=Q;
8 endmodule
```

表 3.8　T 触发器功能表

T	Q
0	Q
1	~Q（取反）

3. JK 触发器设计

JK 触发器的真值表如表 3.9 所示，Verilog 设计见【代码 3.19】。

【代码 3.19】JK 触发器设计

```
1 module  JKFF (CLK,J,K,Q);
2     input   CLK, J,K;
3     output  Q;
4     reg     Q;
5     always @( posedge CLK )
6          case({J,K})
7          2'b00: Q<=Q;
8          2'b01: Q<=1'b0;
9          2'b10: Q<=1'b1;
10         2'b11: Q<=~Q;
11         defalt:Q<=1'bx;
12         endcase
13 endmodule
```

表 3.9　JK 触发器功能表

J	K	Q
0	0	Q
0	1	0
1	0	1
1	1	~Q（取反）

3.4.2　计数器设计

计数器是时序电路中另外一种常用的典型电路，它是在数字系统中使用最多的时序电路之一，它不仅能用于对时钟脉冲计数，还可以用于分频、定时、产生节拍脉冲和脉冲序列以及进行数字运算等，数字钟、秒表就是计数器的典型应用实例。

1. 四位二进制可预置同步加法计数器设计（74LS163）

（1）74LS163 功能简介。

74LS163 是常用的四位二进制可预置同步加法计数器，可以灵活地运用在各种数字电路以及单片机系统中，可以实现分频器等很多重要的功能，其电路外引脚如图 3.36 所示。其中，CLK 是时钟，上升沿有效；CLR 是同步清零控制信号，低电平有效；ENP 是计数使能控制端，高电平有效；ENT 是进位信号使能端，高电平有效；LD 是装载预置数控制端，低电平有效；RCO 是进位信号输出端；ABCD 是 4 位预置数输入端；QA\QB\QC\QD 是 4 位计数结果输出端。具体电路功能见 74LS163 真值表，表 3.10。

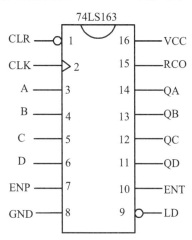

图 3.36　74LS163 引脚图

表 3.10　74LS163 真值表

输入									输出				功能
CLK	CLR	LD	ENP	ENT	D3	D2	D1	D0	Q3	Q2	Q1	Q0	
↑	0	×	×	×	×	×	×	×	0	0	0	0	同步清零
↑	1	0	×	×	D	C	B	A	D	C	B	A	同步置数
↑	1	1	0	×	×	×	×	×	Q3	Q2	Q1	Q0	计数使能无效，输出保持
↑	1	1	×	0	×	×	×	×	Q3	Q2	Q1	Q0	输出保持，进位 RCO=0
↑	1	1	1	1	×	×	×	×	Q3 ~ Q0 加 1				计数

从 74LS163 功能表中可以知道，每当时钟上升沿有效时，如果清零端"CLR=0"，计数器输出 Q3、Q2、Q1、Q0 立即为全"0"，这个时候为同步复位功能。当"CLR=1"且"LD=0"时，在 CLK 上升沿作用后，74LS163 输出端 Q3、Q2、Q1、Q0 的状态分别与并行数据输入端 D3, D2, D1, D0 的状态一样，为同步置数功能。而只有当"CLR=LD=ENP=

ENT=1"、CLK 脉冲上升沿作用后，计数器加 1。74LS163 还有一个进位输出端 RCO，其逻辑关系是 RCO=Q0·Q1·Q2·Q3·ENT。合理应用计数器的清零功能和置数功能，一片 74LS163 可以组成 16 进制以下的任意进制分频器。

（2）设计代码。

【代码 3.20】四位二进制可预置同步加法计数器。

```
1    module counter_74163(CLK,CLR_L,LD_L,ENT,ENP,D,Q,RCO);
2        input    CLK,CLR_L,LD_L,ENT,ENP;
3        input    [3:0] D;                   //并行输入预置数端口
4        output   [3:0] Q;                   //计数器输出端口
5        output   RCO;                       //进位信号
6        reg      [3:0] Q;
7        reg      RCO;
8        always @(posedge CLK )
9        begin
10           if(CLR_L==1'b0)  Q<=0;        //同步清零，低电平有效
11           else if (LD_L==1'b0) Q<=D;    //同步置数，低电平有效
12           else if ((ENT==1'B1)&&(ENP==1'B1))//同步使能，高电平有效
13                 Q<=Q+1;                         //累加 1
14           else  Q<=Q;
15       end
16       always @(Q or ENT)                 //产生进位信号进程语句
17       begin
18           if((Q==4'B1111)&&(ENT==1'B1))
19           RCO<=1'B1;
20           else  RCO<=1'B0;
21       end
22   endmodule
```

在【代码 3.20】中，时钟进程语句的敏感信号只有对 CLK 的上升沿表达，未放入其他任何信号，说明其他所有信号都是受时钟同步的，同步清零、同步预置、同步使能计数等，CLR 优先级最高，预置使能次之，计数使能和进位使能再次之，采用了 if_else if 的结构。"Q<=Q+1" 实现了累加计数功能。代码综合实现后对应的 RTL 电路结构如图 3.37 所示。

（3）仿真结果。

编写 Testbench 仿真测试文件见【代码 3.21】，完成对【代码 3.20】进行仿真的波形如图 3.38 所示。

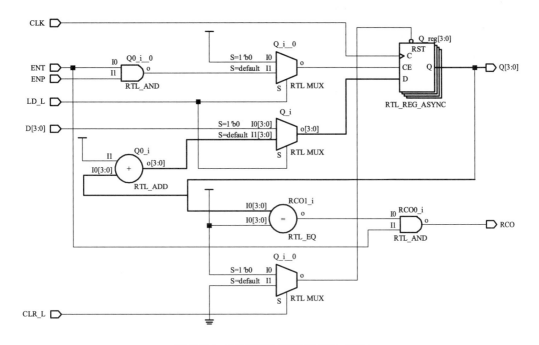

图 3.37 74LS163 计数器 RTL 结构

【代码 3.21】四位二进制可预置同步加法计数器仿真测试代码。

```
1   `timescale 1ns / 1ps
2   module counter_74163_tb();
3       reg CLK=0;
4       reg CLR_L=1;
5       reg LD_L=1;
6       reg ENT=1;
7       reg ENP=1;
8       reg [3:0] D=0;
9       wire [3:0] Q;
10      wire RCO;
11      counter_74163 inst(CLK,CLR_L,LD_L,ENT,ENP,D,Q,RCO);
12      always #10 CLK=~CLK;
13  endmodule
```

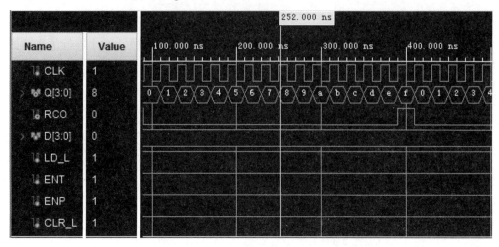

图 3.38　74LS163 计数器仿真波形

从仿真波形可以验证电路描述功能正确，请自行分析仿真结果。

2. 任意模计数器的设计

在采用计数器实现分频、计数、计时等实际应用时，往往不需要严格完全使用上述功能的控制信号，而只需按照需求实现相应计数范围和简单计数功能即可。下面以模 5 计数器为例，介绍带模计数器的设计方法，模 5 计数器就是从 0 到循环 4 计数，即有 5 个状态，输出为 0 ~ 4，然后返回 0。

【代码 3.22】带模计数器设计示例。

```
1    `timescale 1ns / 1ps
2    module mod_n_counter(clk,clr,q);
3        input clk;
4        input clr;//异步清零信号
5        output [31:0] q;//计数结果输出
6        reg [31:0] q;
7        parameter n=5; //定义模 n 常量，此例取 5
8        always @(posedge clk or negedge clr)
9         begin
10           if (!clr)  q<=0;   //异步清零，低电平有效
11           else if (q==n-1) q<=0; //计数到模 n-1，清零
12           else  q<=q+1;          //计数器累加计数
13       end
14   endmodule
```

在【代码 3.22】中，定义了异步清零端，注意异步时钟信号在敏感信号列表中的表达方式；定义常量"parameter n=5"，表示此例计数器的模为 5，如果要设计任意模数的

计数器，则只需修改 *n* 的取值即可。综合后的 RTL 结构如图 3.39 所示。

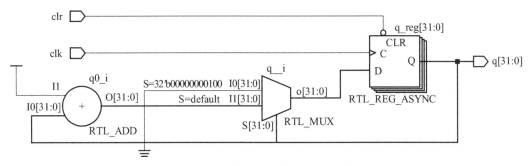

图 3.39 模 *n* 计数器的 RTL 结构

编写 Testbench 测试激励文件如【代码 3.23】所示，运行仿真后得到如图 3.40 所示的仿真波形。

【代码 3.23】带模计数器设计示例仿真测试文件

```
1    `timescale 1ns / 1ps
2    module mod_n_counter_tb();
3        reg clk=0;
4        reg clr=1;
5        wire [31:0] q;
6        mod_n_counter inst1(clk,clr,q);
7        always #10 clk=~clk;
8    endmodule
```

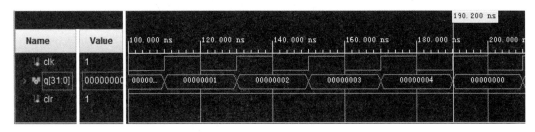

图 3.40 模 5 计数器仿真波形

3.4.3 移位寄存器设计（74LS194）

在数字电路中，移位寄存器（shift register）是一种在同一时钟下以触发器为基础工作的器件，数据以并行或串行的方式输入到该器件中，然后每个时间脉冲依次向左或右移动一个比特，从输出端输出。这种移位寄存器是一维的，事实上还有多维的移位寄存器，即输入、输出的数据本身就是一维数据。实现这种多维移位寄存器的方法可以是将几个具有相同位数的移位寄存器并联起来。

1. 74LS194 功能简介

74LS194 是一个 4 位双向移位寄存器,最高时钟脉冲为 36 MHz,其引脚排列如图 3.41 所示。

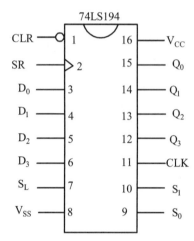

图 3.41　74LS194 引脚图

其中，D0 ~ D1 为并行输入端；Q0 ~ Q3 为并行输出端；SR 是右移串行输入端；SL 是左移串行输入端；S1、S0 是操作模式控制端；CLR 是异步清零端；CLK 是时钟脉冲输入端。其功能表见表 3.11。

表 3.11　74LS194 功能表

输入									输出				功能
CLK	CLR	模式		串行		并行				Q3	Q2	Q1	Q0	
		S1	S0	SL	SR	D3	D2	D1	D0					
x	0	×	×	×	×	×	×	×	×	0	0	0	0	异步清零
⬏	1	0	0	×	×	×	×	×	×	Q3	Q2	Q1	Q0	保持
⬏	1	0	1	×	SR	×	×	×	×	SR	Q3	Q2	Q1	右移
⬏	1	1	0	SL	×	×	×	×	×	Q2	Q1	Q0	SL	左移
⬏	1	1	1	×	×	D3	D2	D1	D0	D3	D2	D1	D0	载入

2. 设计代码

【代码 3.24】移位寄存器 74LS194 设计（方法 1）

```
1    `timescale 1ns / 1ps
2    module shift_register_74194( CLK,CLR_L,SL_in,SR_in,S,D,Q );
```

```
3      input CLK,CLR_L;
4      input SL_in,SR_in;
5      input [1:0] S;
6      input [3:0] D;
7      output [3:0] Q;
8      reg   [3:0] Q;
9      always @(posedge CLK or negedge CLR_L)
10     begin
11       if (!CLR_L) Q<=0;   //异步清零
12       else case(S)
13       0: Q<=Q;               //保持
14       1: Q<={SR_in,Q[3:1]};//右移，拼接运算符实现移位
15       2: Q<={Q[2:0],SL_in};//左移，拼接运算符实现移位
16       3: Q<=D;               //装载
17       default : Q<=4'BX;
18       endcase
19     end
20 endmodule
```

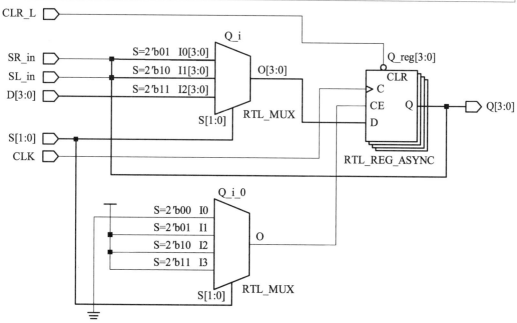

图 3.42 移位寄存器 74LS194 RTL 结构图

【代码 3.25】移位寄存器 74LS194 设计（方法 2）

```
1    module shift_register_74194_2(CLK,CLR_L,SL_in,SR_in,S,D,Q);
2        input CLK,CLR_L;
3        input SL_in,SR_in;
4        input  [1:0] S;
5        input  [3:0] D;
6        output [3:0] Q;
7        reg    [3:0] Q;
8        always @(posedge CLK or negedge CLR_L)
9        begin
10         if (!CLR_L) Q<=0;     //异步清零
11         else case(S)
12         0: Q<=Q;              //保持
13         1: begin Q[3]<=SR_in;Q[2]<=Q[3];
                Q[1]<=Q[2];Q[0]<=Q[1];end//右移，根据移位传递信号
14         2: begin Q[0]<=SL_in;Q[1]<=Q[0];
                Q[2]<=Q[1];Q[3]<=Q[2];end//左移
15         3: Q<=D;             //装载
16         default : Q<=4'BX;
17         endcase
18      end
19   endmodule
```

3. 仿真测试

编写 Testbench 测试激励文件如【代码 3.26】所示，运行仿真后得到如图 3.43 所示的仿真波形。

【代码 3.26】移位寄存器 74LS194 设计仿真测试文件。

```
1    `timescale 1ns / 1ps
2    module shift_register_74194_tb();
3      reg CLK=0;
4      reg CLR_L=1;
5      reg SL_in=1;
6      reg SR_in=1;
7      reg [1:0] S=3;
8      reg [3:0] D=4'b1010;
9      wire [3:0] Q;
```

```
10    shift_register_74194  inst( CLK,CLR_L,SL_in,SR_in,S,D,Q );
11    initial begin
12    CLR_L=1;
13    #20;
14    CLR_L=0;
15    #40;
16    CLR_L=1;
17    end
18    initial begin
19    #100 ;
20    S=2'b01;
21    #500;
22    S=2'B10;
23    end
24    always #10 CLK=~CLK;
25  endmodule
```

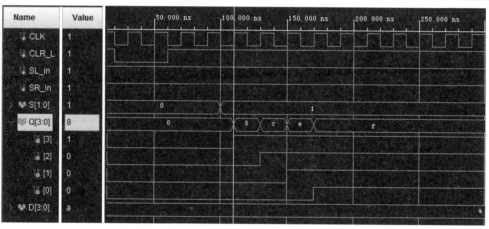

图 3.43　移位寄存器 74LS194 设计仿真波形

3.4.4 PWM（脉冲宽度调制）设计

1. PWM 概述

脉冲宽度调制（Pulse Width Modulation，PWM），是通过对一系列脉冲的宽度进行调制，等效出所需要的波形（包含形状以及幅值），对模拟信号电平进行数字编码，是利用微处理器的数字输出对模拟电路进行控制的一种非常有效的技术。PWM 常用于交流调光电路（也可以说是无级调速）直流斩波电路、蜂鸣器驱动、电机驱动、逆变电路、加湿机雾化量等。

脉冲宽度调制是通过调节占空比的变化来调节信号、能量等的变化，占空比就是指在一个周期内，信号处于高电平的时间占据整个信号周期的百分比，如图 3.44 所示脉冲信号的占空比=t/T=1/3，即 33.33%。

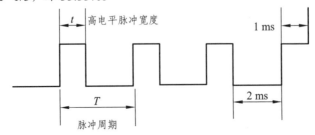

图 3.44　PWM 信号波形示意图

最简单可以产生一个脉冲宽度调制信号的方式是交集性方法（intersective method），此方法只需要使用一个锯齿波（或三角波）作为载波再加上一个比较器即可，当调制信号的值比载波信号的值大时，则脉冲调制后的结果会是高电平；反之，则是低电平。

根据 PWM 的原理，在 Veilog HDL 电路设计中，可以采用计数器来实现 PWM 波形产生，基本设计框图如图 3.45 所示，实现原理如图 3.46 所示。

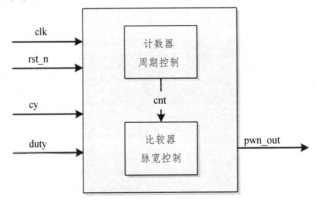

图 3.45　Verilog HDL 设计 PWM 结构

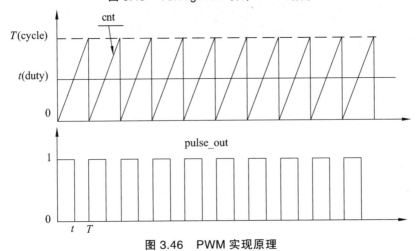

图 3.46　PWM 实现原理

2. 设计代码

【代码 3.27】PWM 波形发生电路设计，RTL 结构如图 3.47 所示。

```
1   module pwm(clk,clr,duty,period,pwm_out);
2       input clk,clr;
3       input [31:0] duty;
4       input  [31:0] period;
5       output pwm_out;
6       reg  pwm_out;
7       reg [31:0] counter;
8       always @(posedge clk or negedge clr)
9       begin
10          if(!clr) counter<=0;
11          else if (counter==period-1) counter<=0;
12          else counter<=counter+1;
13      end
14      always @(*)
15      begin
16          if (counter < duty) pwm_out<=1;
17          else  pwm_out<=0;
18      end
19  endmodule
```

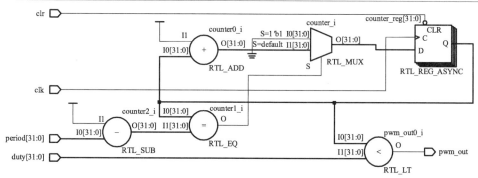

图 3.47 PWM 电路 RTL 结构

3.4.5 习题与实验

1. 请设计一个带异步清零、同步使能和进位功能的模 6 十进制加法计数器。

2. 请设计一个带异步清零、同步使能和进位功能的模 23 十进制减法计数器。

3. 请设计带异步清零、同步使能、可预置初值和进位功能的 1 位十进制计数器。

4. 请设计一个带异步清零、同步使能的 16 位二进制加减可控的计数器。

5. 结合 PWM 原理，请设计实现"呼吸灯"效果的电路，并在 Vivado 平台上完成实验。

3.5　分频器电路设计

知识点：二分频电路；偶数倍分频；奇数倍分频；计数分频器设计方法。

重　点：偶数倍分频电路设计方法。

难　点：奇数倍分频电路设计方法。

在实用数字系统设计中，往往需要很多特殊频率的信号，如在设计数字钟时需要周期为 1 s 的标准时钟信号；在数码管进行扫描显示时，需要特殊的扫描信号等。而一般的 FPGA 最小系统中只有一个通用的基准时钟，如最常见的 50 MHz 时钟。如何从这样标准的高频信号中得到需要的其他低频信号呢？这就需要分频器电路。

所谓分频是指将高频信号变为低频信号，即能将信号频率以某种倍数进行改变。这个倍数通常称为分频比（用字母 R 表示），R=输入时钟频率/输出时钟频率。根据这个比值关系，R 往往有奇数、偶数和半整数之分，因此分频器根据 R 的取值特点，设计电路有所区别。但基本方法是通过计数器构建而成，本节将介绍几种常见的分频器设计方法。

3.5.1　二分频电路设计

在所有分频器设计电路中，有一类二分频电路是最常用，也是最简单的分频器，如【代码 3.28】所示。图 3.48 是【代码 3.28】的仿真波形，验证了该电路能实现二分频输出。

【代码 3.28】二分频电路设计

```
1   module  fenpinqi_2(CLK_in,CLK_out);
2       input   CLK_in;              //输入时钟信号
3       output  CLK_out;             //分频输出信号
4       reg     A;                   //中间变量
5       always @ (posedge CLK_in )   //输入时钟上升沿
6          A<= ~ A;                  //A 进行翻转
7       assign  CLK_out=A;           //将中间结果向端口输出
8   endmodule
```

在该实例中，语句相应功能已经进行了注释，结合图 3.48 中的仿真波形，每当 CLK_in 的上升沿到来时，中间信号 A 就翻转一次，按照这样的算法，实现了占空比为

50%的二分频电路功能。

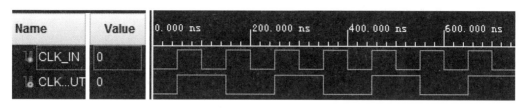

图 3.48　二分频电路仿真波形

3.5.2 偶数倍分频器设计

如果分频比 R 计算出来为偶数时，此类分频器设计方法比较简单和固定。例如，如果需要将 FPGA 最小系统中的 50 MHz 信号分频为 1 Hz 信号输出（占空比为 50%），从而得到标准周期为 1 s 的信号，那么应该首先计算该分频器所需分频比 R。根据分频原理，此时 $R = 50\,\mathrm{MHz}/1\,\mathrm{Hz}$，其结果为 50 000 000 倍分频。该电路的设计如【代码 3.29】所示。

【代码 3.29】偶数倍分频电路设计

```
1   module  fenpinqi(CLK_50M,CLK_1Hz);
2     input   CLK_50M;          //输入时钟信号 50 MHz
3     output  CLK_1Hz;          //分频输出信号 1 Hz
4     reg     A=0;              //中间变量 A
5     reg     [24:0] counter=0;
6     parameter  R_2=25000000;   //分频比一半
7     always @ (posedge CLK_50M )  // 输入时钟上升沿
8     begin
9       if (counter==R_2-1)     //如果计数器等于分频比一半
10      begin
11          counter<=0;  //分频计数器清 0
12          A<= ~ A;      //A 进行翻转
13      end
14      else  counter<=counter+1;  //计数器
15    end
16    assign  CLK_1Hz=A;    //将中间结果向端口输出
17  endmodule
```

【代码 3.29】所示的分频器电路在实际电子系统设计中非常实用，其基本设计方法是，通过构建一个计数器，计数值当为分频比一半时，将一个中间信号翻转输出，这样就能实现偶数倍分频器的设计。

3.5.3　奇数倍分频器设计

如果分频比 R 计算出来为奇数时，此类分频器设计方法相对而言要复杂一点。具体设计方法可以参考例 3.13。奇数倍分频器设计的一般思路是通过构建两个计数器如 CNT1 和 CNT2，分别对同一个时钟信号的上升沿和下降沿有效时进行计数，计数范围是 $0 \sim (R-1)$；再分别定义两个中间信号如 M1 和 M2，当计数器 CNT1 等于 $N-1$（假设 N 是奇数分频比 R 对 2 取模）时让 M1 翻转一次，当 CNT1 计数到 $R-2$ 时，M1 再翻转一次。同样通过计数器 CNT2 对时钟信号下降沿计数以后，按照相同的参数计算方法，可以得到信号 M2。最后将 M1 和 M2 进行或运算后赋值给输出，即可以完成奇数倍分频器设计。根据这一设计方法，【代码 3.30】实现了一个占空比为 50%、分频比为 5 的分频器电路设计。

【代码 3.30】奇数倍分频电路设计

```
1    module  FDIV5(CLK,CLK_OUT);
2            input   CLK;              //输入时钟信号
3            output  CLK_OUT;          //分频输出信号
4            reg     M1,M2;            //中间变量 M1，M2
5            reg     [2:0] CNT1;
6            reg     [2:0] CNT2;
7            always @ (posedge CLK )  // 输入时钟上升沿
8                begin
9                    if (CNT1==4)  CNT1<=0;
10                   else  CNT1<=CNT1+1;          //构建计数器 0~4
11                   if (CNT1==1) M1<=~ M1;        //N-1 时翻转
12                   else if (CNT1==3) M1<=~ M1;   //R-2 时翻转

13               end
14           always @ (negedge CLK )  // 输入时钟下降升沿
15               begin
16                   if (CNT2==4)  CNT2<=0;
17                   else  CNT2<=CNT2+1;
18                   if (CNT2==1) M2<=~ M2;
19                   else if (CNT2==3) M2<=~ M2;
20               end
21           assign  CLK_OUT=M1 | M2;   //将中间结果或运算向端口输出
22   endmodule
```

在【代码 3.30】的 5 分频电路中，相关参数的计算方法如上文所述。图 3.49 是【代码 3.30】的波形仿真图，从波形图中可以看出其设计的正确性。

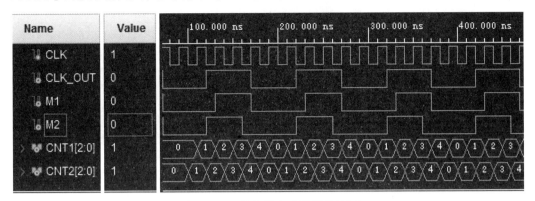

图 3.49　5 倍分频电路波形仿真图

3.5.4　计数分频器设计

当在时序电路设计中完成通用计数器电路仿真时，通过观察仿真波形中计数器输出端总线中每位计数值信号与系统时钟 CLK 的波形关系，不难发现输出端的每一个信号的周期与系统时钟 CLK 都有一定的倍数关系，即频率与 CLK 之间有一定的频率倍数关系。通过总结，得到以下规律。

假设计数器的位宽是 n，那么输出信号的第 m 位信号的频率和基准计数时钟频率（ f_{clk} ）的关系为 $f_{Q(m)} = \dfrac{f_{clk}}{2^{m+1}}$。

例如，以 4 位二进制加法计数器为例【代码 3.31】，输出端一共有 4 位，包含 Q[0]、Q[1]、Q[2]、Q[3]，通过对代码仿真，得到图 3.50 所示的仿真波形，通过仿真波形可以看出，其中输出信号 Q[0]的周期是 CLK 的 2 倍，即频率是 CLK 的 1/2，Q[1]的周期是 CLK 的 4 倍，即频率是 CLK 的 1/4，Q[2]的周期是 CLK 的 8 倍，即频率是 CLK 的 1/8，Q[3]的周期是 CLK 的 16 倍，即频率是 CLK 的 1/16。

【代码 3.31】4 位二进制加法计数器示例

```
1    module  counter(CLK,Q);
2      input    CLK;
3      output   [3:0] Q;
4      reg      [3:0] Q;
5      always @ (posedge CLK )
6       begin
7          Q<=Q+1;
8       end
9    endmodule
```

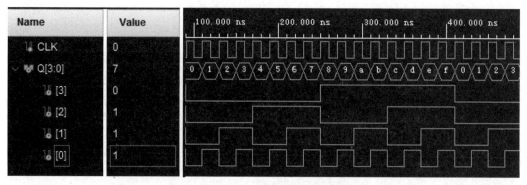

图 3.50　4 位二进制计数器仿真波形

通过对上例的分析得出的结论，在设计分频器电路的时候，如果分频比是 2 的幂次方的时候，则可以通过构建一定位宽的计数器实现对一时钟信号进行 2 的幂次方倍分频的分频输出，同时还可以得到其他不同频率的系列分频值输出。

下面通过设计一个计数器来实现输出 2 个分频信号功能，进一步理解这种分频原理的应用技巧。假设系统时钟频率为 50 MHz，计数器位宽为 24 位，则可以产生 24 个不同频率的信号分频输出，且每个信号分频输出频率值是确定的，表 3.12 给出了计数器（24位）每位计数值信号的频率值（系统时钟 50 MHz），根据需要可以任意选择其中某一位输出即可。设计源码见【代码 3.32】。

表 3.12　计数器（24 位）每位计数值信号频率值（系统时钟 50 MHz）

Q[m]	频率/Hz	周期/ms	Q[m]	频率/Hz	周期/ms
0	25 000 000.00	0.000 04	12	6 103.52	0.163 84
1	12 500 000.00	0.000 08	13	3 051.76	0.327 68
2	6 250 000.00	0.000 16	14	1 525.88	0.655 36
3	3 125 000.00	0.000 32	15	762.94	1.310 72
4	1 562 500.00	0.000 64	16	381.47	2.621 44
5	781 250.00	0.001 28	17	190.73	5.242 88
6	390 625.00	0.002 56	18	95.37	10.485 76
7	195 312.50	0.005 12	19	47.68	20.971 52
8	97 656.25	0.010 24	20	23.84	41.943 4
9	48 828.13	0.020 48	21	11.92	83.886 08
10	24 414.06	0.040 96	22	5.96	167.772 16
11	12 207.03	0.081 92	23	2.98	335.544 32

【代码 3.32】计数器分频示例

```
1    module  divclk(CLK,CLR,clkout1,clkout2);
2        input    CLK,CLR;    //CLK=50MHz，复位信号
3        output   clkout1,clkout2;  //定义两个分频信号输出端；
4        reg     [23:0] Q;     //定义24位计数器；
5       assign  clkout1=Q[0]; //提取计数器第0位，分频输出25MHz；
6       assign  clkout2=Q[23];//提取计数器第23位，分频输出2.98Hz；
7       always @ (posedge CLK or negedge CLR )
8        begin
9            if(!CLR) Q<=0;
10           else     Q<=Q+1;
11       end
12   endmodule
```

总结：采用此方法设计分频的基本步骤为首先确认系统时钟值和想要得到分频输出频率值；然后计算分频比，转换为 2 的 n 次幂，则计数器的位宽为 $n+1$；最后按简易计数器设计电路，将计数器输出端的第 n 位提取赋值输出即可。

3.5.5 习题与实验

1. 流水灯电路设计实验。

基本原理：一组发光 LED，在控制系统的控制下按照设计的顺序和时间来发亮和熄灭，这样就能形成一定的视觉效果。如果通过设计实现 LED 灯依次点亮，那么就形成了流水灯。

设计任务：实现对 4 位 LED 以 0.5 s 的时间间隔流水闪烁，同时可以实现向左、向右方向控制功能。

2. 数码管（见图 3.51）动态扫描设计实验。

图 3.51   数码管元件实物

在实际电路设计中，对于数字显示功能单元，显示内容往往不止一位，而是多位数字，为了节约 IO 口硬件资源，一般会使用多个 4 位一体的数码管（见图 3.52），其基本结构如图 3.53 所示。

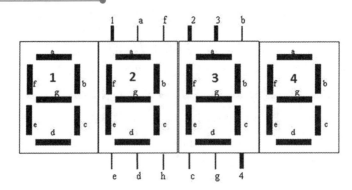

图 3.52　4 位一体数码管电路符号

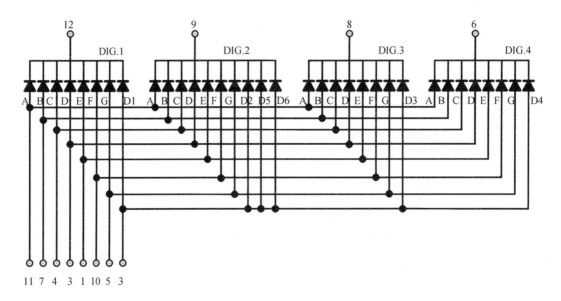

图 3.53　4 位共阴数码管内部结构

基本结构：在图 3.53 中，引脚 12、9、8、6 分别对应数码管的公共端，组合在一起称为位选码（简称位码），相当于数码管对应位的开关，因为是共阴数码管，所以位码是低电平有效；引脚 11、7、4、2、1、10、5、3 分别对应于数码管的 A ~ G、DP 发光二极管的阳极控制端，这 8 位合并组成数码管笔段码（简称段码），用于控制显示字符编码。因此 4 位一体的数码管控制信号分别有位码和段码两组，分别用于控制显示位置和显示内容。

动态扫描原理：利用发光管的余晖和人眼视觉暂留原理，快速循环显示各个数码管的字符，形成连续的字符串。例如，在数码管显示 "1234" 字符的流程如下：

（1）第 1 位数码管显示 "1"，第 2、3、4 位数码管不显示。

（2）经过时间 t 后，第 2 位数码管显示 "2"，第 1、3、4 位数码管不显示。

（3）又经过时间 t 后，第 3 位数码管显示 "3"，第 1、2、4 位数码管不显示。

（4）又经过时间 t 后，第 4 位数码管显示 "4"，第 1、2、3 位数码管不显示。

（5）又经过时间 t 后，返回第 1 步显示第 1 位数码管，依次循环。

其中扫描显示间隔 t 是很关键的参数，t 太长将会导致数码管闪烁，一般选择 5～10 ms 或者更短的时间为宜。

设计任务：请在数码管上同时显示"1234"字符。

3. 计数器显示实验。

请根据计数器设计方法，设计一个带异步复位、同步使能的模 60 的计数器，并将计数结果在数码管上正确显示，设计结果在 Vivado 环境中经处理后下载到目标开发板上。

4. 简易电子琴系统设计实验。

基本原理：电子琴是一种能弹奏乐曲的器件，乐曲往往是由两个参数来表达的，即音调（组成乐曲的每个音符的频率值）和音长（每个音符持续时间）。对于交流蜂鸣器而言，输入的信号的频率高低会决定音调的高低，乐曲中的音调总共分为高音、中音和低音，每种音符又有 7 个音调，而每个音调所对应的信号频率值是固定的，通过查阅相关资料，可以得到音名与其频率值的关系见表 3.13。

表 3.13　简谱中音名与频率的关系

音名	频率/Hz	音名	频率/Hz	音名	频率/Hz
低音 1	261.6	中音 1	523.3	高音 1	1 046.5
低音 2	293.7	中音 2	587.3	高音 2	1 174.7
低音 3	329.6	中音 3	659.3	高音 3	1 318.5
低音 4	349.2	中音 4	698.5	高音 4	1 396.9
低音 5	392	中音 5	784	高音 5	1 568
低音 6	440	中音 6	880	高音 6	1 760
低音 7	493.9	中音 7	987.8	高音 7	1 975.5

电子琴的基本功能是由按键（琴键）控制发声，不同的键值对应不同标准的声音即可。要想发出标准的音调，那么只需要能产生对应的频率信号送入发声装置即可。如何能得到一系列不同的频率信号呢？此时，完全可以利用数控分频器来对一基准信号实现分频而得到。设计数控分频器最关键一点是要控制好准确的分频比 R，由分频比的概念（输入信号和输出信号之间的频率倍数）可以快速计算出每个音调所需的分频比大小。由于音阶频率多为非整数，而分频系数又不能为小数，故必须将计算得到的分频数四舍五入取整。

在该实验中，开发板所提供的基准时钟信号是 50 MHz，现以中音 1 为例，$R = 50 \times 10^7 / 523 = 95\,602$，以此类推，可以计算出每个音调所对应的分频比大小，然后通过按键把每个音调所需要的分频比大小送入到数控分频器中，即能实现对应按键输出一个标准音调的功能。

设计任务：以实验开发板的独立按键代替琴键功能，KEY0～KEY6 分别控制输出中音 1 ~ 中音 7，通过开发板上的蜂鸣器展示设计效果。

5. 利用分频器、计数器和数码管动态扫描设计方法，设计一个数字秒表功能电路。

3.6　状态机电路设计

知识点： 有限状态机的 Verilog HDL 结构模型；状态转移图；FSM 三种描述风格。

重　点： 理解状态机的应用场景，掌握状态机基本结构模型。

难　点： 将实际系统功能转换为状态转移图，进而实现 Verilog HDL 的代码描述。

有限状态机（Finite State Machine，FSM），又称为有限状态自动机，简称状态机，是表示有限个状态以及在这些状态之间的转移和动作等行为的数学模型。它是实用数字系统设计中的重要组成部分，也是实现高效率高可靠逻辑控制的重要途径。例如，在高速数据采集和数字信号序列检测方面，是许多数字系统的核心部件，也是实时系统设计中的一种数学模型。目前，状态机广泛应用在高速串行或并行 A/D、D/A 器件的控制，硬件串行通信接口如 RS232、PS/2、USB、SPI 的实现，FPGA 高速配置电路设计，自动控制领域中的高速过程控制系统，通信领域中的许多功能模块的构建，CPU 设计领域中特定功能精简指令模块的设计等。

FPGA 以其并行性和可重构性为世人所知，而在当今的电子世界，基本所有的器件都是串行的，所以作为控制单元或者是可编程单元的 FPGA 需要进行并行转串行与外界进行通信、控制等，而有限状态机以其简单实用、结构清晰而恰如其分地充当着这个角色。

有限状态机是由寄存器组和组合逻辑构成的硬件时序电路，其状态（即由寄存器组的 1 和 0 的组合状态所构成的有限个状态）只可能在同一时钟跳变沿的情况下才能从一个状态转向另一个状态，究竟转向哪一状态还是留在原状态不但取决于各个输入值，还取决于当前所在状态。

本项目旨在通过几个简单的实例重点介绍有限状态机的一般结构，以及采用 Verilog 进行有限状态机的设计方法。

3.6.1　序列信号发生器设计

1. 设计任务

在数字电路设计中，有些时候需用一组非常特殊的数字信号。一般情况下我们就将这种特殊的串行数字信号叫作序列信号。序列信号是指在同步脉冲作用下循环地产生一串周期性的二进制信号，能产生这种信号的逻辑器件就称为序列信号发生器或序列发生器。

本项目任务是完成"11001"序列发生器电路设计，周期重复输出序列信号。

基本原理：用一个不断循环的状态机，循环产生序列信号 11001，运行过程如图 3.54 所示。

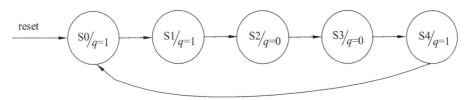

图 3.54 序列发生器状态

该序列发生器整个过程非常简单，主要包含 5 个状态，分别是图中的 S0 ~ S4，其对应的功能含义如下：

（1）状态 S0：初始状态，输出 $q=1$；状态迁移到 S1。

（2）状态 S1：输出 $q=1$；状态迁移到 S2。

（3）状态 S2：输出 $q=0$；状态迁移到 S3。

（4）状态 S3：输出 $q=0$；状态迁移到 S4。

（5）状态 S4：输出 $q=1$；状态迁移到 S0。

2. 设计代码

【代码 3.33】"11001" 序列发生器设计代码

```
1    module FSM_sequence( clock,reset,q);
2        input clock;
3        input reset;
4        output q;
5        reg q;
6        parameter s0=0,s1=1,s2=2,s3=3,s4=4;
7        reg [2:0] Current_ST,Next_ST;
8        always @(posedge clock or posedge reset)
9         begin
10            if (reset)  Current_ST <= s0;
11            else        Current_ST <= Next_ST;
12         end
13        always @(Current_ST)
14        begin
15          case (Current_ST)
16          s0:  begin  q <= 1'b1;
17                  Next_ST <= s1;
18                end
```

```
19              s1:  begin  q <= 1'b1;
20                        Next_ST <= s2;
21              end
22          s2:  begin  q <= 1'b0;
23                        Next_ST <= s3;
24              end
25           s3:  begin  q <= 1'b0;
26                        Next_ST <= s4;
27              end
28          s4:  begin  q <= 1'b1;
29                        Next_ST <= s0;
30              end
31          default:  Next_ST <= s0;
32          endcase
33       end
34   endmodule
```

3. 仿真波形

编写如【代码 3.34】所示的 Testbench 激励文件，完成的波形仿真如图 3.55 所示。

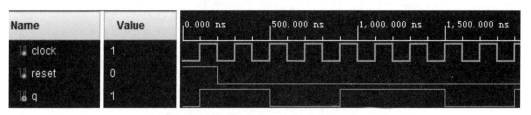

图 3.55　11001 序列发生器仿真波形

【代码 3.34】序列发生器仿真测试文件

```
1    `timescale 10ns / 1ps
2    module FSM_sequence_tb( );
3       reg clock=0;
4       reg reset=1;
5       wire q;
6       FSM_sequence inst( clock,reset,q);
7       initial begin
8       #20;
9       reset=0;
10      end
```

```
11      always #10 clock=~clock;
12  endmodule
```

4. 状态机基本结构

【代码 3.33】是一种典型的状态机结构描述，用 Verilog 设计的状态机有多种形式：

① 从信号的输出方式上分有 Moore（摩尔）型和 Mealy（米里）型；Moore 型状态机的输出只与当前状态有关，而 Mealy 型状态机的输出不仅取决于当前状态，还受到输入的直接控制。

② 从结构上分有单进程状态机和多进程状态机。

③ 从状态表达方式上分有符号化状态机和确定状态编码的状态机。

④ 从状态编码方式上分，有顺序编码状态机、一位热码编码状态机。

然而最一般和最常用的状态机设计代码通常都具有一个固定的结构，即主要由说明部分、主控时序进程、主控组合进程和辅助进程等部分构成。

（1）说明部分。

说明部分主要用来定义状态机所有可能的状态名和声明状态转换的两个变量，即在【代码 3.33】中的第 6 和 7 行的语句。其中第 6 行用关键词"parameter"定义的是状态机的各状态元素值，用具体的数值或编码来表示每个状态。第 7 行声明了两个 reg 型的现态和次态变量"Current_ST""Next_ST"，以存储相应的状态值。

（2）主控时序进程。

所谓主控时序进程是指负责状态机运转和在时钟驱动下负责状态转换的进程。状态机是随外部时钟信号以同步时序方式工作，因此状态机中必须包含一个对时钟信号敏感的进程作为状态机的"驱动泵"。时钟 clk 则是这个"驱动泵"中电机的驱动电源，当时钟发生有效跳变时，状态机的状态才发生变化。

一般地，主控时序进程不负责次态的具体状态取值，当时钟有效跳变到来时，它只是机械地将代表次态的"Next_ST"变量中的内容送入现态变量"Current_ST"中。主控时序进程的设计代码比较固定，可以沿用【代码 3.33】中的第 8 到 12 行代码。

（3）主控组合进程。

主控组合进程也称为状态译码进程，其任务是根据外部输入的控制信号和当前状态值确定相应的输出以及下一状态的走向。为了更好地理解状态机的工作过程，不妨将状态机比喻为一台机床或一部机器，那么主控时序进程即为此机床的驱动电机，clk 信号即为此电机的功率泵，而主控组合进程就好比机床的加工部件，它本身的运转有赖于电机的驱动，它的具体工作方式则依赖于机床操作者的控制，该结构如图 3.56 所示。

由图 3.56 的基本结构可以看出，组合逻辑电路实际上就是用控制组合进程实现其功能，它通过信号"Current_ST"中的状态值，进入相应的状态，并在此状态中根据外部的信号（input）决定输出信号的取值以及"Next_ST"中的状态值。而下一状态值由状态变

量 "Next_ST" 传递给主控时序进程，直至下一个时钟脉冲的到来再进入下一轮的状态周期转换。主控组合进程，往往就是用一个 CASE 语句来实现，完成对输出端口赋值和确定状态机的下一个状态值。具体的如【代码 3.33】所示。

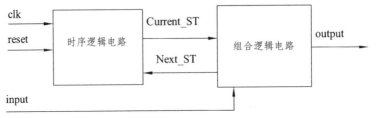

图 3.56　有限状态机的基本结构

（4）辅助进程。

辅助进程部分主要是用于配合状态机的主控组合进程和主控时序进程进行工作，以完善和提高系统的性能。例如，为了完成某种算法的进程，或用于配合状态机工作的其他时序进程，或为了稳定输出设置的数据锁存器等。

3.6.2　序列检测器设计

1. 设计任务

序列检测器的主要功能是能够实现对一组或多组由二进制码组成的脉冲序列信号进行识别，完成检测与比对。当序列检测器连续收到一组串行二进制码后，如果这组码与检测器中预置的码相同，则输出 "1"，否则输出 "0"。这种检测的工作过程是将输入的串行二进制码与预置数（密码）对应位的码字进行比对，只有当比对结果相同后，才进行下一位的连续比对，只要有任何一位不相等，都将返回第一个码字处重新开始检测。

此项目的任务是设计一个可以检测 "1101" 序列的电路，当输入的一串连续的序列数高位在前串行进入检测器后，如此数与预置的 "1101" 相同，则输出 "1"，否则输出 "0"。其运行原理如图 3.57 所示。

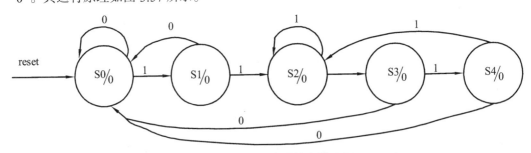

图 3.57　序列检测器状态转移图

该序列检测器整个过程包含 5 个状态，分别是图中的 S0 ~ S4，其对应的功能含义如下：

（1）状态 S0：初始状态，如果输入为 "1"，则状态迁移到 S1；否则，继续等待接收序列的输入起始有效位（此时表示接收到 "1"），系统输出为 "0"。

（2）状态 S1：如果输入为"0"，则必须返回状态 S0；否则，迁移到状态 S2（此时表示已经接收到"11"），系统输出为"0"。

（3）状态 S2：如果输入为"1"，则停留在状态 S2；否则，迁移到状态 S3（此时表示已经接收到"110"），系统输出为"0"。

（4）状态 S3：如果输入为"0"，则必须返回状态 S0；否则，迁移到状态 S4（此时表示已经接收到"1101"），系统输出为"0"。

（5）状态 S4：系统输出为"1"。如果输入为"0"，则必须返回状态 S0 继续重复检测；否则，迁移到状态 S2（此时表示第二个序列可能正确输入开始）。

2. 设计代码

【例 3.35】序列检测器状态机设计

```
1    module FSM_xuliejiance(clock,reset,din,result);
2        input clock;
3        input reset;
4        input din;
5        output result;
6        reg result;
7        parameter s0=0,s1=1,s2=2,s3=3,s4=4;
8        reg [2:0] Current_ST,Next_ST;
9        always @(posedge clock or posedge reset)
10         begin
11             if (reset) begin  Current_ST <= s0;  end
12             else begin   Current_ST <= Next_ST;  end
13         end
14       always @(Current_ST or din)
15         begin
16           case (Current_ST)
17           s0:  begin  result <= 1'b0;
18                   if ((din == 1'b1))  Next_ST <= s1;
19                   else   Next_ST <= s0; end
20           s1:  begin  result <= 1'b0;
21                   if ((din == 1'b1))  Next_ST <= s2;
22                   else   Next_ST <= s0; end
23           s2:  begin  result <= 1'b0;
24                   if ((din == 1'b0))  Next_ST <= s3;
```

```
25                      else   Next_ST <= s2; end
26            s3:  begin   result <= 1'b0;
27                        if ((din == 1'b1))  Next_ST <= s4;
28                        else   Next_ST <= s0; end
29            s4:  begin   result <= 1'b1;
30                        if ((din == 1'b0))  Next_ST <= s0;
31                        else   Next_ST <= s2; end
32            default: begin result <= 1'b0; Next_ST <= s0; end
33            endcase
34          end
35  endmodule
```

3. 仿真波形

编写如【代码 3.36】所示的 Testbench 激励文件，完成的波形仿真如图 3.58 所示。

【代码 3.36】序列检测器仿真测试文件

```
1    `timescale 1ns / 1ps
2    module FSM_xuliejiance_tb();
3        reg clock=0;
4        reg reset=1;
5        reg din=0;
6        wire result;
7        FSM_xuliejiance  inst(clock,reset,din,result);
8        initial begin
9        #125;
10       reset=0;
11       end
12       initial begin
13       #140;
14       din=1;
15       #200;
16       din=0;
17       #100;
18       din=1;
19       #200;
20       din=0;
21       #100;
```

```
22      din=1;
23      end
24      always #50 clock=~clock;
25  endmodule
```

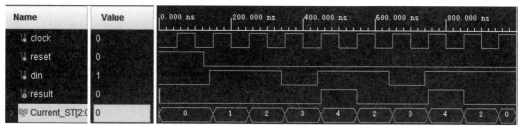

图 3.58 序列检测器仿真波形

4. FSM 常见描述风格

Verilog HDL 语法结构相对灵活，根据 FSM 的基本结构，往往还可以把它变形为三进程、双进程和单进程三种描述风格。对【代码 3.35】的功能，还可以采用【代码 3.37】和【代码 3.38】的不同表达方式。不管哪种写法，只要能正确实现功能即可。

【代码 3.37】FSM 三进程描述风格示例

```
1   module FSM_xuliejiance_3(clock,reset,din,result);
2    input clock;
3    input reset;
4    input din;
5    output result;
6    reg result;
7    parameter s0=0,s1=1,s2=2,s3=3,s4=4;
8    reg [2:0] Current_ST,Next_ST;
9    always @(posedge clock or posedge reset)//进程1：状态存储进程
10     begin
11         if (reset) begin  Current_ST <= s0;  end
12         else begin   Current_ST <= Next_ST;  end
13     end
14   always @(Current_ST or din) //进程2：状态转移进程
15     begin
16       case (Current_ST)
17       s0:  begin  if ((din == 1'b1))  Next_ST <= s1;
18               else   Next_ST <= s0; end
19       s1:  begin  if ((din == 1'b1))  Next_ST <= s2;
```

```
20                     else     Next_ST <= s0; end
21          s2: begin  if ((din == 1'b0))  Next_ST <= s3;
22                     else     Next_ST <= s0; end
23          s3: begin  if ((din == 1'b1))  Next_ST <= s4;
24                     else     Next_ST <= s0; end
25          s4: begin  if ((din == 1'b0))  Next_ST <= s0;
26                     else     Next_ST <= s2; end
27          default: begin   Next_ST <= s0; end
28          endcase
29       end
30      always @(Current_ST)    //进程 3：输出结果描述进程
31      begin
32         case (Current_ST)
33           s0:result <= 1'b0;
34           s1:result <= 1'b0;
35           s2:result <= 1'b0;
36           s3:result <= 1'b0;
37           s4:result <= 1'b1;
38           default: result <= 1'b0;
39         endcase
40       end
41   endmodule
```

相对于【代码 3.35】而言，三进程结构描述风格，是把状态转移和系统功能输出分别用进程语句描述，这样逻辑清晰，功能直观。

【代码 3.38】FSM 单进程描述风格示例

```
1      module FSM_xuliejiance_1(clock,reset,din,result);
2       input clock;
3       input reset;
4       input din;
5       output result;
6       reg result;
7       parameter s0=0,s1=1,s2=2,s3=3,s4=4;
8       reg [2:0] Current_ST;    //注意只需要定义 1 个状态变量
9       always @(posedge clock or posedge reset)
10        begin
```

```
11              if (reset) begin  Current_ST <= s0;
12                         result <= 1'b0;
13                    end
14           else begin
15          case (Current_ST)
16          s0: begin  result <= 1'b0;
17                    if ((din == 1'b1)) Current_ST <= s1;
18                    else  Current_ST <= s0; end
19          s1: begin   result <= 1'b0;
20                    if ((din == 1'b1)) Current_ST <= s2;
21                    else  Current_ST <= s0; end
22          s2: begin   result <= 1'b0;
23                    if ((din == 1'b0)) Current_ST <= s3;
24                    else  Current_ST <= s0; end
25          s3: begin  result <= 1'b0;
26                    if ((din == 1'b1)) Current_ST <= s4;
27                    else  Current_ST <= s0; end
28          s4: begin   result <= 1'b1;
29                    if ((din == 1'b0)) Current_ST <= s0;
30                    else  Current_ST <= s2; end
31          default: begin   Current_ST <= s0; end
32          endcase
33       end
34      end
35  endmodule
```

3.6.3 习题与实验

1. 序列检测器设计

设计一个序列检测器电路，其功能是当输入是一个串行位流时，如果出现序列"111"时，输出为"1"。这里要注意出现长连"1"的问题，也就是说，如果出现的串行位流是"…0111110…"，则输出就要保持连续的 3 个时钟周期的"1"。

图 3.59 给出了这个状态机的状态转移图，一共有 4 个状态，命名为 S0、S1、S2 和 S3，分别对应检测到的连续"1"的个数，请用状态机的设计方法完成此状态机的设计，并建立仿真测试文件，验证设计正确性。

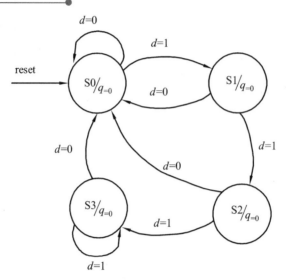

图 3.59　序列检测器的状态转移图

2. 计数器状态机设计

计数器功能的实现过程可以看成是由多个状态在时钟脉冲驱动下依次输出连续值的过程，请用状态机的结构完成一个 1 位十进制计数器电路设计，具有进位输出。

第 4 章　IP 核设计与实现

现有数字系统的设计难度不断增大，功能也越来越复杂，同时要求系统开发周期越来越短、设计可靠性越来越高。因此，对于工程师而言，在进行数字系统设计时，往往不可能从头开始、从最小功能单元进行复杂系统设计，而是在设计中尽可能使用已有的数字功能单元、经验证优化的逻辑模块，从而提高设计效率和可靠性。

在采用 FPGA 进行系统设计时，无论是 Intel、Xilinx，还是其他 FPGA 逻辑器件生产厂商，都提供了大量经验证、优化、参数可设置的常用功能单元，称为宏功能模块（Megafunction）或知识产权（Intelligent Property，IP）核，供设计者快速集成系统，高效、简单地完成系统开发。

本章重点介绍 IP 核的基本概念、Vivado 中常用 IP 核调用方法、用户自定义 IP 及调用方法。

4.1　IP 核简介

知识点：IP 核基本概念、IP 分类、Vivado 中常见 IP 核。

重　点：了解 IP 分类，熟悉 Vivado 中常见 IP 核。

难　点：理解软核、固核和硬核的区别。

4.1.1　IP 核概念及分类

在 EDA 技术领域内，把经过反复验证的、具有特定功能的、允许被反复调用的现成模块通常称为知识产权核，因为这些模块是别人设计成果的体现，蕴含设计人员大量的时间、精力和费用成本等。IP 核是具有知识产权核的集成电路芯核的总称，与芯片制造工艺无关，可以移植到不同的半导体工艺中。根据 IP 核的提供方式，通常将其分为软核（Soft IP Core）、固核（Firm IP Core）和硬核（Hard IP Core）3 类。从 IP 核成本来讲，硬核成本最高；从使用灵活性来讲，软核的可重复使用性最高。

1. 软　核

软核是指用硬件描述语言描述的功能块，不涉及使用具体电路元件实现这些功能。软 IP 通常是以硬件描述语言 HDL 源文件的形势出现，应用开发过程与普通的 HDL 设计也十分相似，只是所需的开发硬软件环境比较昂贵。软 IP 的设计周期短，设计投入少。由于不涉及物理实现，为后续设计留有很大的发挥空间，增大了 IP 的灵活性和适应性。其主要缺点是在一定程度上使后续工序无法适应整体设计，从而需要一定程度的软 IP 修正，在性能上也不可能获得全面的优化。由于软核是以源代码的形式提供，尽管源代码可以采用加密方法，但其知识产权保护问题不容忽视。

2. 硬　核

硬核提供设计阶段最终阶段产品：掩模。以经过完全的布局布线的网表形式提供，这种硬核既具有可预见性，同时还可以针对特定工艺或购买商进行功耗和尺寸上的优化。尽管硬核由于缺乏灵活性而可移植性差，但由于无须提供寄存器转移级（RTL）文件，因而更易于实现 IP 保护。

3. 固　核

固核则是软核和硬核的折中。大多数应用于 FPGA 的 IP 内核均为软核，软核有助于用户调节参数并增强可复用性。软核通常以加密形式提供，这样实际的 RTL 对用户是不可见的，但布局和布线灵活。在这些加密的软核中，如果对内核进行了参数化，那么用户就可通过头文件或图形用户接口（GUI）方便地对参数进行操作。对于那些对时序要求严格的内核（如 PCI 接口内核），可预布线特定信号或分配特定的布线资源，以满足时序要求。这些内核可归类为固核，由于内核是预先设计的代码模块，因此这有可能影响包含该内核的整体设计。由于内核的建立（setup）、保持时间和握手信号都可能是固定的，因此其他电路在设计时都必须考虑与该内核进行正确的接口。如果内核具有固定布局或部分固定的布局，那么这还将影响其他电路的布局。

4.1.2　Vivado 中常见的 IP 核

在数字系统设计领域，特别是基于 FPGA 的数字系统设计中，IP 核的来源渠道主要有三种：

（1）由 FPGA 生产厂商提供，集成于开发环境内。

（2）用户自定义，设计人员在系统开发过程中自己创建的功能单元。

（3）由第三方 IP 厂商提供，需购买。

目前，IP 核已经成为系统设计的基本单元，并可作为独立设计成果被交换、转让和销售。在 Xilinx 新一代的集成开发工具 Vivado 中，提供了大量可以免费使用的 IP 设计资源,并且提供了强大的 IP 核封装和调用功能。当成功安装 Vivado 软件后,便自动集成了 IP 核资源,下面我们来看看这些 IP 核在软件的什么位置,都有哪些 IP 核。

首先,正确新建工程以后,在 Vivado 左侧的"Flow Navigator"项目设计流程管理窗口,如图 4.1 所示,找到【IP Catalog】(IP 目录),即 Vivado 自带的 IP 资源全部集中在此目录中。左键单击【IP Catalog】,随即弹出"IP Catalog"对话框 IP 库资源界面,如图 4.2 所示。

图 4.1　Flow Navigator 工程管理器窗口

在图 4.2 中,显示了 Vivado 自带的 IP 核,资源丰富,基本包含了所有常用的逻辑单元(二进制加法计数器、分频器)、数学运算(加/减法器、乘法器、除法器、浮点运算器)、存储器单元(ROM、RAM、存储器接口)、信号处理(FFT、DFT、DDS)、图像处理单元、嵌入式处理器集成单元等。

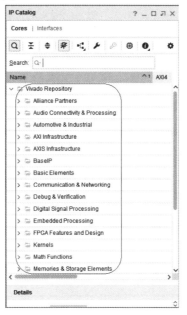

图 4.2　IP 资源库列表

在进行数字系统设计时,需要准确查找自己所需的 IP 核,首先确认 IP 所属列表大类,然后单击展开列表菜单,进一步向下查找,便可找到相应 IP 核。例如,要调用系统集成的计数器功能模块,首先在图 4.2 中单击【Basic Elements】选项,展开如图 4.3 所示列表菜单选项,再单击【Counters】,便可找到"Binary Counter"IP 核。然后对其进行准确参数配置即可完成定制调用。

查找 IP 核,如果知道 IP 核的名字或名字中的部分关键字,也可以在图 4.2 中【Search】查询框中进行直接查找,如果输入正确,IP 核资源库中存在此 IP 核,在列表中将显示出来,否则将无显示,具体使用方法见后文介绍。

图 4.3　二进制计数器 IP 核的位置

4.2　Vivado 标准 IP 核调用方法

知识点: IP 核使用方法、乘法器 IP 核、二进制计数器 IP 核、ROM IP 核。

重　点: 熟练掌握 Vivado 中 IP 核设计流程。

难　点: 掌握常见 IP 核参数配置方法。

在 Vivado 中,IP 核调用方法通常有两种途径,一是支持在 BLOCK/Diagram 图形设计文件中调用;而是支持在 Verilog HDL 文本中采用例化方式调用。

本小节通过以调用乘法器 IP 核设计实现一个数平方计算功能电路为例,详细介绍 Vivado 的 BLOCK/Diagram 图形设计方法;以调用二进制计数器 IP 核设计实现 4 位二进制计数器为例,详细介绍文本例化方式调用 IP 的方法;最后以 DDS 正弦信号发生器为例,介绍 ROM IP 核的使用方法。

4.2.1　乘法器 IP 核

1. 设计任务

调用 IP 核资源库中自带的乘法器 IP 核,采用 Vivado 的 BLOCK/Diagram 图形设计方法，设计实现一个 8 位二进制数字平方运算功能电路，并仿真观察设计结果。

2. 设计过程

（1）新建工程。

打开 Vivado 软件，新建一个名为"square_multiplier_ip"的工程，如图 4.4 所示，单击"Next"，在器件型号选择界面选中"xc7z020clg484-1"的 FPGA，完成工程建立。

图 4.4　设置工程名和路径

（2）创建 Block 设计文件。

在 Vivado 左侧的"Flow Navigator"项目设计流程管理窗口，如图 4.5 所示，执行【IP INTEGRATOR】→【Create Block Design】选项，打开创建图形设计文件对话框。

图 4.5　创建 Block 设计文件

在图 4.6 中设置图形设计文件的名字，可按标识符规则任取，此处设置为"square_multiplier_ip"，然后单击"OK"，打开如图 4.7 所示的"Diagram"图形编辑器窗口。

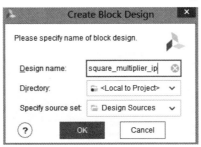

图 4.6　设置文件名

图 4.7　Diagram 图形编辑器窗口

（3）添加乘法器 IP 核。

在图 4.7 中，单击 Diagram 图形编辑窗口工具栏中╋按钮，打开 IP 核资源库管理器，查找添加设计所需 IP 核，如图 4.8 所示。

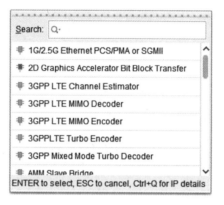

图 4.8　查找 IP 核对话框

在图 4.8 的"Search"查询对话框中，输入 IP 核名字或部分关键字，即可快速查找想要的 IP 核。此处可以输入乘法器部分关键字"mult"，则名为"Multiplier"乘法器 IP 核自动显示在下面列表中，如图 4.9 所示，此操作可快速查找 IP 核。

在图 4.9 中双击"Multiplier"乘法器 IP 核，完成调用，此时在图 4.7 的 Diagram 图形编辑器窗口中会自动添加一个如图 4.10 所示的乘法器 IP 核元件符号。

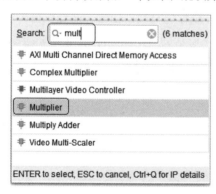

图 4.9　查找 Multiplier 乘法器 IP 核

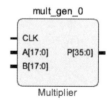

图 4.10　乘法器 IP 核元件符号

（4）参数设置。

通常系统提供的 IP 核往往具有参数可设置功能，允许设计者根据实际需要，定制参数、选配端口等，而且所有设置都是图形化（GUI）界面操作，简单方便。

双击刚刚添加的乘法器 IP 核元件符号，立刻弹出"Re-customize IP"（客户化重置 IP）界面，对 IP 进行参数设置，如图 4.11 所示。

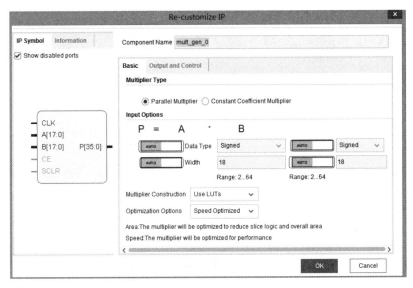

图 4.11　乘法器 IP 参数设置

在此设计中，需要将乘法器的输入端"A""B"的"Data Type"设置为"Unsigned"；将"Width"数据位宽设置为"8"位，其他保持默认即可。设置方法是在图 4.11 中单击黑色框处，将"AUTO"切换为"MANUAL"状态，允许修改后面对应参数，修改结果如图 4.12 所示，然后单击"OK"。

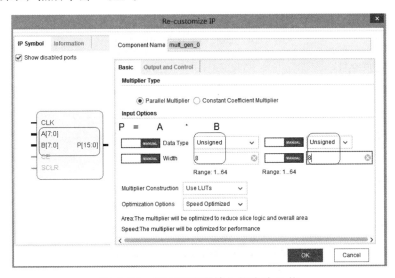

图 4.12　修改乘法器输入位宽为 8 位

通过对比图 4.11 和图 4.12，明显看出当输入端口的位宽参数发生更改后，元件符号端口位宽参数也跟着发生改变，如图 4.13 所示。这充分体现 IP 的参数可设置功能。

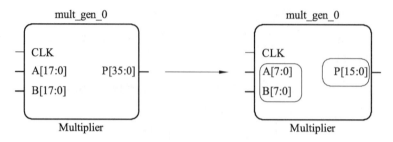

图 4.13　端口位宽更改对比

（5）绘制原理图。

当设置完成所有 IP 核参数后，利用 Diagram 图形编辑器提供的相关工具，进行原理图绘制。

因为此设计项目只调用了一个乘法器 IP 核，没有其他元件对象，故原理图绘制较为简单。CLK 应外接一个输入端口连接时钟信号；乘数 A[7：0]和 B[7：0]两个端口应该连接在一起，外接一个输入端，表示两个相同数字相乘，即实现了计算平方功能；P[15：0]是计算结果输出，应外接一个输出端口。

图形设计编辑窗口界面较为简单，工具栏按钮（见图 4.14）包含了基本所有操作。其中有图形的缩放控制、添加新的 IP 核、添加输入输出端口、布局自动调整、原理图有效性检测等常用功能。

图 4.14　Diagram 图形编辑工具

① 修改元件名字。

在图形编辑中，选中元件，对应在左侧 "Block Properties" 窗口可以修改相关属性，在 "Name" 参数处，可以修改调用 IP 核的实例名字，此处修改为 "Square"（平方），此时右边 Diagram 图形编辑窗口中的元件名显示结果对应改变为 "Square"（见图 4.15），此方法还适用于对输入输出端口名进行更改。

② 添加输入输出端口。

用鼠标选中元件对应的端口，高亮显示，如图 4.16 中的 P[15：0]端口，然后在工具栏上单击添加端口 ▣ （Make External）按钮，软件会自动连接 OUTPUT 输出端口，结果如图 4.17 所示。如法炮制，为 CLK 和 A[7：0]两个端口添加输入端。

图 4.15　更改元件名字

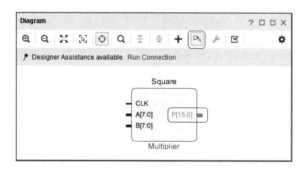

图 4.16　添加端口

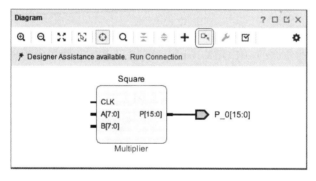

图 4.17　添加端口结果显示

③ 绘制导线。

在 Diagram 窗口中，将鼠标移动至元件端口上，光标会由箭头形状自动变化为🖉（铅笔状），此时表示处于连线状态，可以按住鼠标左键移动到目标端口或导线处，松开鼠标左键即可完成导线绘制。此处，需要将 B[7：0]端口连接到 A[7：0]端口上，如图 4.18 所示。

依次选中端口名"A_0"和"P_0"，采用更改名字的方法（见图 4.15），将端口名分别更改为"A"和"P"，完成原理绘制结果如图 4.19 所示，单击保存。

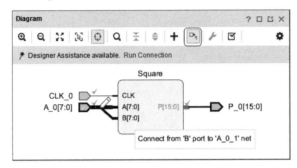

图 4.18　将 B 连接到 A 端口上

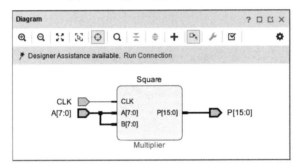

图 4.19　原理图绘制结果

（6）有效性检测。

保存完设计文件后，需要对设计的正确性进行检测，单击工具栏☑按钮，执行检测。如果绘制原理图有错误，则软件会提示错误信息，如果没有错误，则表示设计正确，可以进行下一步操作。

（7）生成设计输出文件。

在 Vivado 设计界面的 BLOCK DESIGN 窗口中，右键单击【Sources】→【Design Sources】→"square_multiplier_ip"文件，弹出浮动菜单，执行"Generate Output Products…"（见图 4.20），启动生成输出文件命令，弹出如图 4.21 所示的对话框。

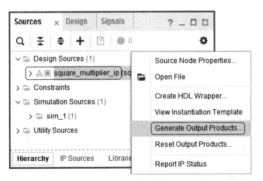

图 4.20　启动"Generate Output Products"命令

图 4.21　设置参数执行生成命令

在图 4.21 的"Generate Output Products"对话框中，设置综合类型选项，保持默认即可，然后单击"Generate"。在弹出的生成结果信息提示框中，单击"OK"。

（8）生成"*_wrapper.v"顶层文件。

再次右键单击【Sources】→【Design Sources】→"square_multiplier_ip"文件，弹出浮动菜单，执行"Create HDL Wrapper…"选项，如图 4.22 所示。

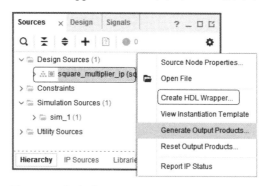

图 4.22　启动"Create HDL Wrapper…"命令

在图 4.23 所示的"Create HDL Wrapper"对话框中，选择"Let Vivado manage wrapper and auto-update"，保持默认设置，单击"OK"。

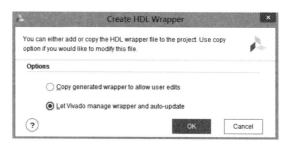

图 4.23　"Create HDL Wrapper"对话框

此时，在如图 4.24 所示的工程设计源文件目录中，生成了以工程名为前缀，以"wrapper"为后缀的 Verilog HDL 文件——"square_multiplier_ip_wrapper.v"，见【代码 4.1】。这个 HDL 代码只说明图形设计的端口信息，而不描述具体实现信息。这个只提供端口信息的 HDL 文件称为 Wrapper。Wrapper 的名字通常需要与 Block Design 设计文件名字相同。

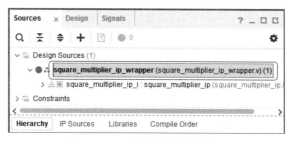

图 4.24　工程设计源文件窗口

从代码中可以看出，实际上此代码是对刚刚绘制的原理图设计文件的调用描述，即采用了例化语句，例化对象为图形设计文件。

【代码 4.1】square_multiplier_ip_wrapper.v

```
1   //Copyright 1986-2019 Xilinx, Inc. All Rights Reserved.
2   //-------------------------------------------------------------
3   //Tool Version: Vivado v.2019.2 (win64) Build 2708876 Wed Nov
6 21:40:23 MST 2019
4   //Date        : Mon Feb 17 22:46:22 2020
5   //Host        : hyg running 64-bit major release  (build 9200)
6   //Command     : generate_target square_multiplier_ip_wrapper.bd
7   //Design      : square_multiplier_ip_wrapper
8   //Purpose     : IP block netlist
9   //-------------------------------------------------------------
10  `timescale 1 ps / 1 ps
11
12  module square_multiplier_ip_wrapper
13     (A,
14      CLK,
15      P);
16    input [7:0]A;
17    input CLK;
18    output [15:0]P;
19
20    wire [7:0]A;
21    wire CLK;
22    wire [15:0]P;
23
24    square_multiplier_ip square_multiplier_ip_i
25         (.A(A),
26          .CLK(CLK),
27          .P(P));
28  endmodule
```

3. 行为仿真

按 Vivado 的仿真设计操作流程，创建如图 4.25 所示的仿真测试文件，对刚刚生成的 "square_multiplier_ip_wrapper.v" 进行测试，编写 Testbench 激励代码，参考【代码 4.2】。

图 4.25　新建仿真测试文件

【代码 4.2】平方运算电路的仿真测试代码

```
1    `timescale 1ns / 1ps
2    module square_multiplier_ip_tb( );
3        reg [7:0] A=0;
4        reg CLK=0;
5        wire [15:0] P;
6    square_multiplier_ip_wrapper inst(A,CLK,P);
7    always #50 CLK=~CLK;
8    always #100  A=A+1;
9    endmodule
```

保存仿真测试文件，在综合前，可以实现 HDL 电路行为仿真，操作如图 4.26 所示，单击工程管理器界面的【SIMULATION】→【Run Simulation】→【Run Behavioral Simultaion】，启动行为仿真，仿真结果如图 4.27 所示。

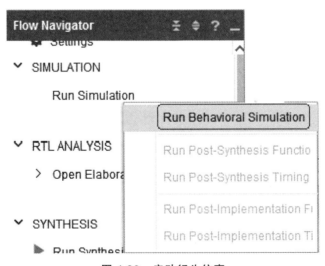

图 4.26　启动行为仿真

从图 4.27 的仿真波形可以判断,此 IP 核的应用设计结果是正确的,输入端口 A 从 1 ~

6 变化，输出端口 P 输出为 A 对应输入数值的平方。至此，乘法器 IP 核的简单应用圆满完成，关于 IP 核的图形设计调用方法也讲解完毕。

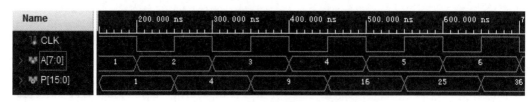

图 4.27　平方运算仿真波形

4.2.2　二进制计数器 IP 核

1. 设计任务

采用文本例化方式，调用二进制计数器 IP 核，设计实现 4 位二进制计数器功能，并编写仿真测试文件，验证设计结果正确性。

2. 设计过程

使用文本例化方式调用 IP 核的基本过程包括新建工程、查找并配置 IP 核、生成 IP 核定制后对应的 HDL 描述文件代码（.VHD 或.V）、设计顶层文件调用即可。

（1）新建工程。

打开 Vivado 软件，新建一个名为"counter _ip"的工程（见图 4.28），单击"Next"，在器件型号选择界面选中"xc7z020clg484-1"的 FPGA，完成工程建立。

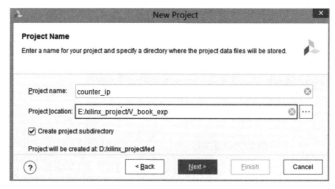

图 4.28　设置工程名和路径

（2）查找添加 IP 核。

在 Vivado 左侧的"Flow Navigator"项目设计流程管理窗口，如图 4.29 所示。左键单击【IP Catalog】（IP 目录），随即弹出"IP Catalog"对话框 IP 库资源界面，如图 4.30 所示。

在图 4.30 中单击【Basic Elements】选项，展开如图 4.31 所示的列表菜单选项，再单击【Counters】，便可找到"Binary Counter"IP 核。

双击"Binary Counter"，进入计数器 IP 核参数配置界面，如图 4.32 所示。

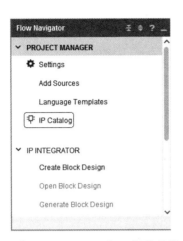

图 4.29 "Flow Navigator" 工程管理器窗口

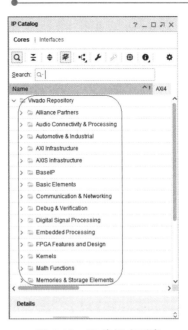

图 4.30 IP 资源库列表

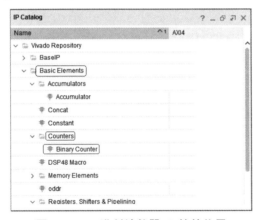

图 4.31 二进制计数器 IP 核的位置

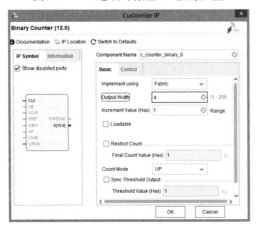

图 4.32 "Binary Counter" 参数配置

此处调用二进制计数器 IP 主要完成简单的计数功能，因此对它的配置基本保持默认即可，不必启用过多的其他功能端口，只保留输入时钟和输入结果即可。为满足设计任务的 4 位二进制计数器功能要求，故需将"Basic"选项卡中的"Output Width"设置为 4 位即可。然后单击"OK"，弹出"Create Directory"提示框，如图 4.33 所示，直接单击"OK"。

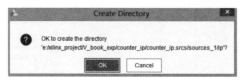

图 4.33　"Create Directory"提示框

在图 4.34 所示的"Generate Output Products"对话框中，保持默认设置，直接单击"Generate"，为调用的 IP 核生成设计输出代码（.V 或.VHD）。此例中生成了名为"c_counter_binary_0.vhd"的 VHDL 语言格式设计代码，其中部分如【代码 4.3】所示。

每一个 IP 定制完后，都会生成对应的硬件描述语言设计代码，该代码文件是一个只读文件格式，不允许修改，但可以供其他顶层文件例化调用。

图 4.34　生成设计输出文件

【代码 4.3】c_counter_binary_0.vhd 部分代码

```
1    LIBRARY ieee;
2    USE ieee.std_logic_1164.ALL;
3    USE ieee.numeric_std.ALL;
4
5    LIBRARY c_counter_binary_v12_0_14;
6    USE c_counter_binary_v12_0_14.c_counter_binary_v12_0_14;
7
8    ENTITY c_counter_binary_0 IS  //设计实体描述
9      PORT (
```

```
10     CLK : IN STD_LOGIC;
11     Q : OUT STD_LOGIC_VECTOR(3 DOWNTO 0)
12         );
13  END c_counter_binary_0;
14
15  ARCHITECTURE c_counter_binary_0_arch OF c_counter_binary_0 IS
16    ATTRIBUTE DowngradeIPIdentifiedWarnings : STRING;
17    ATTRIBUTE DowngradeIPIdentifiedWarnings OF
          c_counter_binary_0_arch: ARCHITECTURE IS "yes";
18  .........
19  END c_counter_binary_0_arch;
```

（3）添加顶层设计文件。

当完成上述 IP 核调用过程操作后，得到了 IP 核对应功能的硬件描述语言设计文件，我们就可以在顶层设计文件中采用例化结构，调用相应的 IP 核，实现其功能。

创建 Verilog 的顶层设计文件，设计文件名为"counter4_ip_top"，根据设计任务或系统功能，编写顶层设计文件代码。此例功能非常简单，只需要调用"c_counter_binary_0.vhd"的模块，只不过此处的被调用模块是用 VHDL 格式代码编写的，只要简单看懂代码中的实体部分包含的元件名、端口名和端口属性即可，如【代码 4.3】中虚线框部分代码，然后采用 Verilog HDL 例化方法完成调用，见【代码 4.4】。

【代码 4.4】顶层设计代码

```
1   module counter4_ip_top(CLK,Q);
2      input CLK;
3      output [3:0] Q;
4    c_counter_binary_0  inst ( .CLK(CLK),
5                                .Q(Q)
6                                );
7    endmodule
```

3. 行为仿真

按 Vivado 的仿真设计操作流程，创建仿真测试文件，对刚刚完成的顶层设计文件"counter4_ip_top.v"进行测试，编写 Testbench 激励代码，参考【代码 4.5】。

【代码 4.5】4 位二进制计数器顶层仿真测试代码

```
1   `timescale 1ns / 1ps
2   module counter4_ip_top_tb( );
3      reg CLK=0;
```

```
4        wire [3:0] Q;
5        counter4_ip_top  inst(CLK,Q);
6        always #50 CLK=~CLK;
7    endmodule
```

保存仿真测试文件，在综合前，可以实现 HDL 电路行为仿真，单击工程管理器界面的【SIMULATION】→【Run Simulation】→【Run Behavioral Simultaion】，启动行为仿真，仿真结果如图 4.35 所示。

图 4.35　4 位二进制计数器仿真波形

从仿真波形图中，不难看出，计数结果输出端 Q[3：0]在时钟上升沿作用时，实现了累加计数功能，从 0 ~ f 逐次变化，证明二进制计数器 IP 核在正常工作，调用成功。

4.2.3　DDS 正弦信号发生器设计

1. 设计任务

采用 DDS 直接数字频率合成技术原理，通过调用存储器 ROM 和二进制计数器 IP 核，完成一个简易正弦信号发生器电路设计，并通过编写仿真测试文件，观察输出波形，看到光滑的正弦波信号。

2. 设计原理

（1）DDS 技术简介。

直接数字频率合成器（Direct Digital Synthesis/Direct Digital Frequency Synthesis，DDS/DDFS）是 1971 年由 J.Tierney 等人提出的一种全新全数字式频率合成技术，也是一种先进的波形产生技术，它直接从相位的概念出发进行频率合成，得到所需的任意波形。

DDS 基本结构主要由相位累加器、波形存储器（相位幅度转换）、数模转换器（D/A）、低通滤波器（LPF）构成，如图 4.36 所示。其中，相位累加器由 N 位加法器与 N 位累加寄存器级联构成。

DDS 信号发生器的基本原理是建立在采样定理的基础上，首先对需要产生的波形进行采样，将采样值数字化后存入存储器作为查找表，然后再通过查找表将数据读出，经过 D/A 转换器转换成模拟量，把存入的波形重新合成出来。时钟频率给定后，输出信号的频率取决于频率控制字，频率分辨率取决于累加器位数，相位分辨率取决于 ROM 的地址线位数，幅度量化噪声取决于 ROM 的数据位字长和 D/A 转换器位数。

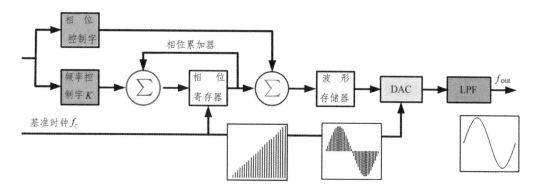

图 4.36 DDS 基本结构

相位累加器原理：一个正弦波，虽然它的幅度不是线性的，但是它的相位却是线性增加的。DDS 正是利用了这一特点来产生正弦信号。根据 DDS 相位累加器的位数 N，把 $360°$ 平均分成了 2^N 等份，如图 4.37 所示。

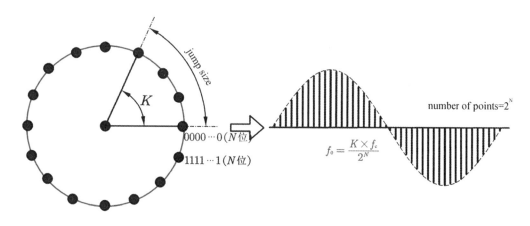

图 4.37 相位累加器原理

假设系统时钟为 f_c，输出频率为 f_0。每次转动一个角度 $360°/2^N$，则可以产生一个频率为 $f_c/2^N$ 的正弦波的相位递增量，即为 DDS 的频率分辨率。那么只要选择恰当的频率控制字 K，使得 $f_0/f_c = K/2^N$，就可以得到所需要的输出频率 $f_0 = f_c \cdot K/2^N$。

相位累加器由 N 位加法器与 N 位累加寄存器级联构成。每来一个时钟脉冲 f_c，加法器将频率控制字 K 与累加寄存器输出的累加相位数据相加，把相加后的结果送至累加寄存器的数据输入端。累加寄存器将加法器在上一个时钟脉冲作用后，所产生的新相位数据反馈到加法器的输入端，以使加法器在下一个时钟脉冲的作用下继续与频率控制字 K 相加。这样，相位累加器在时钟作用下，不断对频率控制字进行线性相位累加。由此可以看出，相位累加器在每一个时钟脉冲输入时，把频率控制字累加一次，相位累加器输出的数据就是合成信号的相位，相位累加器的溢出频率就是 DDS 输出的信号频率。

DDS 信号发生器的优点：

① 频率分辨率高、输出频点多、可达 2^N 个频点（N 为相位累加器位数）。

② 频率切换速度快，DDS 是一个开环系统，无任何反馈环节，因而频率转换时间极短，可达纳秒量级。

③ 频率切换时相位连续。

④ 可以输出宽带正交信号。

⑤ 输出相位噪声低，对参考频率源的相位噪声有改善作用。

⑥ 可以产生任意波形。

⑦ 全数字化实现、便于集成、体积小、质量小。

（2）正弦信号发生器设计方案。

根据 DDS 工作原理，正弦信号发生器原理如图 4.38 所示，相位累加器的功能其实与计数器的功能相同，可用 N 位计数器实现，即由累加器和寄存器实现；波形存储器单元可由 ROM 存储器存放正弦波采样值数据实现。

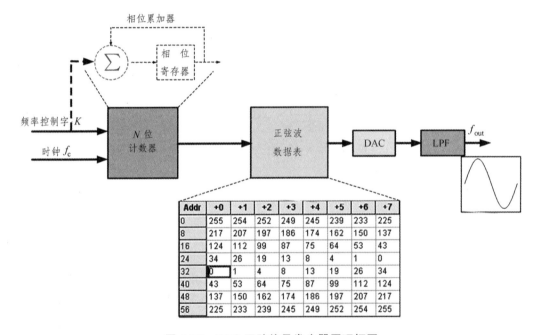

图 4.38　DDS 正弦信号发生器原理框图

用计数器输出的数据作为波形存储器（ROM）的相位取样地址，这样就可把存储在波形存储器内的正弦波波形采样幅度数值经查找表查出，完成相位到幅值转换。波形存储器的输出送到 D/A 转换器，D/A 转换器将数字量形式的波形幅值转换成所要求合成频率的模拟量形式信号。低通滤波器用于滤除不需要的取样分量，以便输出频谱纯净的正弦波信号。

为此，整个项目的设计完全可以使用系统自带的二进制计数器 IP 核实现相位累加器功能（此处为简化功能，频率控制字 *K* 默认为 1）；使用 ROM 存储器 IP 核实现波形数据存储功能，DAC 部分电路也可不用设计，直接采用 Vivado 的仿真功能，观看设计波形结果，设计实现方案如图 4.39 所示。

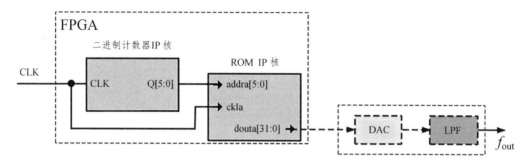

图 4.39　DDS 正弦信号发生器实现方案

3. COE 文件创建方法（ROM 初始化文件）

（1）COE 文件简介。

在调用存储器类 IP 核进行配置时，往往需要对存储器进行初始化，以加载指定数据内容到存储器中。Vivado 中对 ROM 类存储器 IP 核进行初始化的文件格式是 ".coe"（Coefficient）文件（ALTERA Quartus II 中存储器初始化文件是 ".mif"），其基本格式如下：

```
MEMORY_INITIALIZATION_RADIX = Value ;
MEMORY_INITIALIZATION_VECTOR =
Data_Value1 ,
Data_Value2 ,
    ...
Data_Valuen ;
```

COE 文件是一种 ASCII 文本文件，其中，"MEMORY_INITIALIZATION_RADIX" 是关键词，定义存储器初始化值的基数，等号后面的 "Value" 表示文件存储数据的进制，可以设置为 2（二进制）、10（十进制）或 16（十六进制），以分号结束；"MEMORY_INITIALIZATION_VECTOR" 是关键词，定义块存储器与分布式存储器的数据（数据向量），等号后面的 "Data_Value1…Data_Value*n*" 的数字就是数据向量，每个数据占一行，用逗号隔开，最后一个数字以分号结束。.coe 文件的前两行的开头格式是固定的，不能改变。

（2）COE 文件的创建方法。

COE 文件的创建方法可以在写字板、记事本等文本编辑器中按照上述格式编辑，保存后缀为 ".coe" 即可。例如，此项目中需要构建正弦波的数据存储模块（此处以 64 点数据采样），则需要将正弦波采样数据值编辑为 ".coe" 文件，其方法是打开写字板，输入【代码 4.6】，保存为 "sin64.coe"。其中，数据格式采用十进制，一共 64 个数据，最大数据为 255（8 位二进制）。

【代码 4.6】sin64.coe 正弦波采样值（64 点）COE 文件

```
MEMORY_INITIALIZATION_RADIX=10;
MEMORY_INITIALIZATION_VECTOR=
255,
254,
252,
249,
245,
239,
233,
225,
217,
207,
197,
186,
174,
162,
150,
137,
124,
112,
99,
87,
75,
64,
53,
43,
34,
26,
19,
13,
8,
4,
1,
```

```
0,
0,
1,
4,
8,
13,
19,
26,
34,
43,
53,
64,
75,
87,
99,
112,
124,
137,
150,
162,
174,
186,
197,
207,
217,
225,
233,
239,
245,
249,
252,
254,
255;
```

　　上述文件中的正弦波采样数据值可以通过编写 C 语言代码或在 MATLAB 软件中直接生成，如【代码 4.7】所示。

【代码 4.7】MATLAB 生成正弦波采样数据代码

```
1 t=0:2*pi/2^12:2*pi      %在 0～2pi 取 4 096 个点 12 位
2 y=0.5*sin(t)+0.5;
3 r=ceil(y*(2^8-1));  %将小数转换为整数，ceil 是向上取整。
4 fid = fopen('sin.coe','w'); %写到 sin.coe 文件，用来初始化 sin_rom
5 fprintf(fid,'MEMORY_INITIALIZATION_RADIX=10;\n');
6 fprintf(fid,'MEMORY_INITIALIZATION_VECTOR=\n');
7 for i = 1:1:2^12
8 fprintf(fid,'%d',r(i));
9 if i==2^12
10 fprintf(fid,';');
11 else
12 fprintf(fid,',');
13 end
14 if i%15==0
15 fprintf(fid,'\n');
16 end
17 end
18 fclose(fid);
```

对 MATLAB 生成的 ".txt" 文件用文本编辑软件打开，进行下面的处理，就能创建 COE 文件。

① 在文件最开始添加两行关键字内容：

memory_initialization_radix=10;

memory_initialization_vector=

② 把每一行的空格用文本替换功能换成 "，"，并在最后一行添加一个 "；"。

③ 将 ".txt" 文件后缀修改为 ".coe"，保存文件并退出。

对于波形数据还可以用其他专用工具软件生成，如 Guagle_wave，它可以生成正弦波、三角波、锯齿波和任意波形采样数据。对于今后可能会用到的图像数据，也可以使用相关软件工具生成，然后再将其转化为符合 COE 格式的文件。

4. 设计实现过程

根据图 4.39 的设计实现方案，DDS 正弦信号发生器设计实现过程主要是完成两个底层模块和一个顶层设计文件，即存储正弦数据 ROM、计数器和 DDS 顶层设计文件。

IP 核调用可以使用文本方式例化，也可以采用 Block 原理图设计实现，在此以原理图设计方法详细介绍实现过程。

（1）新建工程。

新建一个名为"dds_sin_block"，FPGA 型号为"xc7z020clg484-1"的工程。

（2）创建 Block 设计文件。

执行【IP INTEGRATOR】→【Create Block Design】选项，创建名为"dds_sin"的图形设计文件。

（3）添加"Binary Counter IP"核。

在 Diagram 图形编辑窗口中单击工具栏中 ➕ 按钮，打开 IP 核资源库管理器，在"Search"查询对话框中，完整输入"Binary Counter"或输入"Bi"时，在列表中已经出现"Binary Counter"，如图 4.40 所示，双击添加到原理图设计文件中。

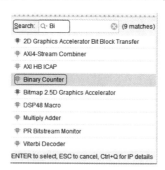

图 4.40　查找"Binary Counter"IP 核

双击调出的"Binary Counter"IP 核元件符号，进行参数设置。根据正弦信号发生器设计方案，因为对输出信号频率无精度及可调控制要求，所以相位累加器位宽只要大于存储器中数据地址线位宽即可。同时根据存储器中数据深度为 64，对应地址位宽为 6 位，所以计数器的数据输出位宽大于等于 6，此处设置为 6，其他保持默认，如图 4.41 所示单击"OK"。

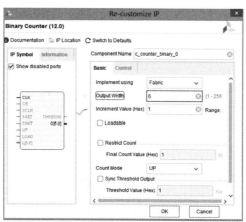

图 4.41　"Binary Counter"参数设置

添加"Binary Counter IP"核定义的 6 位二进制计数器结果如图 4.42 所示，此时可以将计数器模块名字进行重命名，选择元件，在左侧的参数修改对话框中输入"address"，如图 4.44 所示，最后计数器元件名字重命名的效果如图 4.43 所示。

图 4.42　计数器元件　　　　　　　　　图 4.43　更名后的计数器元件

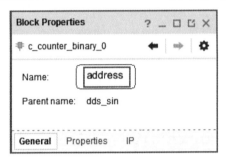

图 4.44　重命名

（4）添加 ROM 存储器 IP 核。

在 Diagram 图形编辑窗口中单击工具栏中 ✚ 按钮，打开 IP 核资源库管理器，在 "Search" 查询对话框中，输入 "Block Memory Generator"，在列表中将显示 "Block Memory Generator" IP 核（见图 4.45），双击添加到原理图设计文件中，元件符号如图 4.46 所示。

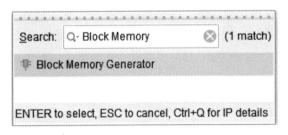

图 4.45　调用 Block Memory GeneratorIP 核

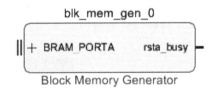

图 4.46　存储器元件符号

双击图 4.46 中存储器元件符号，进行参数设置，弹出如图 4.47 所示的参数修改对话框，存储器 IP 核通常有 "Basic" "PortA Options" "Other Options" 3 个选项卡内容需要设置。

① Basic 选项卡。

Mode 选项：包含 "BRAM Controller" 和 "Stand Alone" 两种模式，此处选择 "Stand Alone"。

Memory Type 选项：在 "Stand Alone" 模式下一共有 5 种类型的存储器，如可以定义为单端口 ROM、双端口 ROM 或单端口 RAM 等。此处我们需要定义的是单端口 ROM，因此存储器类型设置为 "Single Port ROM"，如图 4.48 所示，其他保持默认即可。

图 4.47 "Block Memory Generator" 参数设置对话框

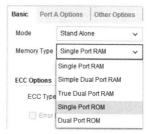

图 4.48 "Basic" 选项卡参数设置

② Port A Options 选项卡。

Memory Size 选项：主要设置存储器大小，包含端口数据位宽，因为 ".coe" 存储器初始化文件中正弦波形数据采样值最大值为 255，因此数据位宽为 8 位二进制，此处 "Port A Width" 设置为 8；"Port A Depth" 表示存储深度，即存储数据单元个数，该参数决定存储器的地址位宽，因正弦波形采样为 64 点，故需要存储 64 个数据，与 ".coe" 文件中的数据格式对应，所以 "Port A Depth" 设置为 64；"Enable Port Type" 设置为 "Always Enabled"。

Port A Optional Output Registers 选项卡：去掉 "Primitives Output Register" 前面复选框中的 "√"，其他保持默认，如图 4.49 所示。

图 4.49 "Port A Options" 选项卡参数设置

③ Other Options 选项卡。

Memory Initialization 选项：存储器初始化参数设置。将"Load Init File"前复选框选中打"√"，表示加载 ROM 初始化数据文件，通过单击"Browse"，找到之前定义好的".coe"初始化文件，将数据加载进 ROM 中，其他保持默认，如图 4.50 所示。

图 4.50　加载 ROM 初始化".coe"文件

注 意

　　COE 文件提供了一种设置内存初始化值的高层次方法，但实际上并不能直接使用。当生成 IP 核时，Vivado 会将 COE 文件转换为 MIF 文件。MIF 文件保存了原始值，用于存储类 IP 核的初始化和仿真模型。

完成上述参数设置后单击"OK"，返回原理图设计文件，进行图形绘制。把鼠标移到 ROM 元件的端口"+ BRAM_PORTA"上，鼠标会变为如图 4.51 所示的向下箭头状，表示此端口是一个可以展开的端口，此时单击鼠标左键，会将此端口包含的所有端口展开，结果如图 4.52 所示，这样就可以进行图形绘制了。

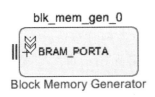

图 4.51　展开 ROM 端口

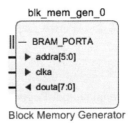

图 4.52　ROM 端口展示

选择 ROM 元件符号，在左侧的参数修改对话框中更改元件名为"sin_rom"（见图 4.53），更改后的元件如图 4.54 所示。

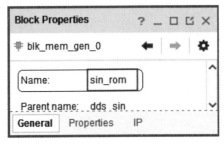

图 4.53　更改 ROM 元件名对话框

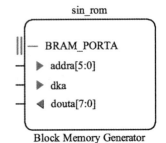

图 4.54　"sin_rom"元件效果

（5）绘制原理图。

根据 DDS 正弦信号发生器设计方案，采用原理图绘制导线、添加端口和更改端口名的方法，完成如图 4.55 所示效果的原理图绘制，保存文件并做有效性检测。

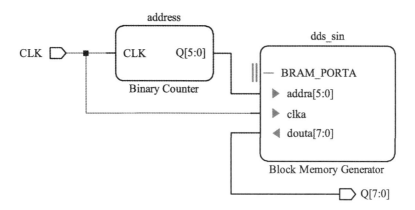

图 4.55　DDS 正弦信号发生器顶层设计原理图

（6）生成设计输出文件。

在 Vivado 设计界面的"BLOCK DESIGN"窗口中，右键单击【Sources】→【Design Sources】→"dds_sin"文件，弹出浮动菜单，执行"Generate Output Products…"，在弹出的"Generate Output Products"对话框中，单击"Generate"，在弹出的生成结果信息提示框中，单击"OK"。

（7）生成"dds_sin_wrapper.v"顶层文件。

再次右键单击【Sources】→【Design Sources】→"dds_sin"文件，弹出浮动菜单，执行"Create HDL Wrapper…"选项，在弹出的"Create HDL Wrapper"对话框中，选择"Let Vivado manage wrapper and auto-update"，保持默认设置，单击"OK"。

此时，在工程设计源文件目录中，生成了"dds_sin_wrapper.v"，见【代码 4.8】。

【代码 4.8】dds_sin_wrapper.v

```
1    `timescale 1 ps / 1 ps
2    module dds_sin_wrapper
3      (CLK,
4       Q);
5    input CLK;
6    output [7:0]Q;
7
8    wire CLK;
9    wire [7:0]Q;
10
```

```
11    dds_sin dds_sin_i
12        (.CLK(CLK),
13         .Q(Q));
14  endmodule
```

（8）仿真测试。

参考【代码 4.9】编写 Testbench 激励代码，对刚刚生成的 dds_sin_wrapper.v 进行测试。

【代码 4.9】DDS 正弦信号发生器仿真测试代码

```
1   `timescale 1ns / 1ps
2   module dds_sin_block_tb( );
3     reg CLK=0;
4     wire  [7:0] Q;
5     dds_sin_wrapper  inst(CLK,Q);
6     always #50  CLK=~CLK;
7   endmodule
```

保存仿真测试文件，单击工程管理器界面的【SIMULATION】→【Run Simulation】→【Run Behavioral Simultaion】，启动行为仿真，仿真结果如图 4.56 所示。

图 4.56　正弦信号发生器仿真波形

从仿真波形可以看出随着计数器不断累加，把 ROM 中的存储数据有序地读取出来，证明设计是正确的。

为了更加直观地看到正弦波效果，在 Vivado 中仿真器波形观察界面，允许对波形显示数据格式进行数字和模拟的切换。选中输出端 Q[7: 0]，单击右键弹出浮动菜单，如图 4.57 所示。

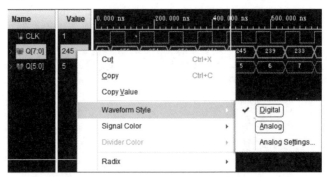

图 4.57　设置波形模拟显示格式

选择"Waveform Style"展开"Digital""Analog"选项，默认是"Digital"类型，这里选择"Analog"，将数据已模拟信号方式显示。此时，输出端波形发生了变化，出现了线条显示，再通过波形工具栏的 🔍 🔍 缩放按钮，调节视图比例，一条光滑的正弦波形产生，如图 4.58 所示。

至此，完成了 DDS 正弦信号发生器设计。

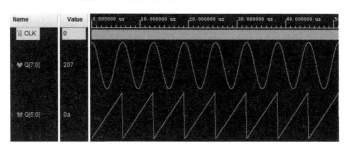

图 4.58　仿真结果正弦波

4.2.4　习题与实验

1. 采用文本方式调用二进制计数器 IP 核和 ROM 存储器 IP 核，并进行相应的参数设置，完成 DDS 正弦信号发生器设计，并完成仿真测试。

2. 根据 DDS 的原理，通过设计频率控制字和相位累加器宽度，实现输出频率可控正弦信号电路设计，并完成仿真测试。

4.3　用户自定义 IP 核方法

知识点：用户 IP 核自定义方法，调用自定义 IP 核的方法。

重　点：熟练掌握 Vivado 中 IP 核定制流程。

难　点：掌握 IP 核定制过程中各参数含义及设置技巧。

在 4.2 中初步体会了 Vivado 以 IP 核为中心的数字系统设计思想，也体会了 IP 核应用的功能强大、方便、快捷、高效等优势。如果想在数字系统中尽可能靠采用 IP 核来快速构建自己的系统，那么 IP 资源的获得就显得至关重要。很显然如果仅仅只靠使用 Xilinx 公司提供的免费 IP 核，对于我们的设计难免会有一定掣肘。其实在我们日常进行系统开发的时候，往往自己会设计一些使用频繁、性能优越的功能单元，像分频器、数码管译码电路、时序接口电路等，为了不重复设计，可以利用 Vivado 提供的 IP 核封装工具，自己定义 IP 核，形成自己的 IP 核库。就像在 C 语言中积累一些常用功能的子程序代码一样，也像在 Altium Design 设计中绘制自己的元件库和封装库一样，这些资源都可以在以后的设计中直接调用，避免重复设计，从而提高系统设计效率和可靠性。

本节以一个任意偶数倍分频器单元模块为例，详细讲述在 Vivado 中如何定义成可供调用的 IP 核，以及如何将自己定义的 IP 核添加到 Vivado 的 IP 核库中。

4.3.1　偶数倍分频器 IP 核设计

1. 设计任务

在数字系统设计中，分频器是经常使用的单元电路模块，使用频率相当高，几乎常用的时序电路中都包含分频器模块。为了方便重复调用、使用，采用 Vivado 提供的 IP 核封装工具，按照 IP 核定制流程，将用 Verilog HDL 或 VHDL 描述的电路，封装成为 IP 核，添加进 Vivado 的 IP 核库目录中。此处参考 3.5.2 中的偶数倍分频器电路设计方法，完成分频器电路代码，如【代码 4.10】所示。

【代码 4.10】偶数倍分频器设计代码 fenpinqi.v

```
1    `timescale 1ns / 1ps
2    module  fenpinqi(CLK_IN,CLK_OUT);
3      input   CLK_IN;                  //输入时钟信号
4      output  CLK_OUT;                 //分频输出信号
5      reg    A = 0;                    //中间变量 A 初值为 0，仿真时很重要
6      reg    [31:0] counter = 0;
7      parameter  R = 1;               //定义参数 R，此值为分频比的一半，>=1
8      always @ (posedge CLK_IN)   // 输入时钟上升沿
9      begin
10        if (counter==R-1)
11        begin
12            counter<=0;
13            A<= ~ A;
14        end
15        else  counter<=counter+1;
16     end
17     assign  CLK_OUT = A;            //将中间结果向端口输出
18     endmodule
```

2. 定制过程

（1）创建封装 IP 设计工程。

打开 Vivado 软件，新建名为"fenpinqi_ip"的工程，选择 FPGA 型号为"xc7z020clg484-1"，完成工程建立。

（2）添加设计源文件。

根据 Vivado 添加设计源文件的方法和流程，此处完成【代码 4.10】fenpinqi.v 设计源文件添加，然后保存文件。编写行为仿真激励文件，验证设计功能的正确性，一般要设计正确的单元模块才有继续定义为 IP 核的必要性，所以在启动 IP 核封装工具前，对自己设计的代码务必进行功能仿真，待通过后再进行下一步操作。

（3）设置自定义 IP 的库名和目录。

在 Vivado 左侧的"Flow Navigator"项目设计流程管理窗口，单击【PROJECT MANAGER】→【Settings】，弹出工程属性设置对话框，如图 4.59 所示。

在"Settings"对话框左侧的"Project Settings"列表中展开"IP"选项，单击"Packager"，进入 IP 核封装工具设置界面。在这里，可以修改自定义 IP 核的库名（类别名）、存放路径、封装完成后对工程文件的操作等。此处将"Category"可以更改为"HYG_IP_LIB"（自定义存放 IP 的库，可以任取）；"IP Location"采用默认，表示存储于当前工程存放路径，其余选项保持默认，单击"OK"。

图 4.59　"Settings"对话框

（4）启动封装工具定制 IP 核。

在 Vivado 的主菜单下，执行【Tools】→【Create and Package New IP...】，如图 4.60 所示。

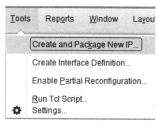

图 4.60　启动 IP 封装工具

在弹出的"Create and Package New IP"对话框中，单击"Next"，弹出如图 4.61 所示的封装选项对话框，此处选择默认选项，"Package your current project Use the project as the source for creating a new IP Definition"将当前工程作为创建新 IP 核的源，单击"Next"。

图 4.61　封装选项对话框

图 4.62 为设置 IP 核存放路径，此时系统会自动显示当前工程路径，单击"Next"即可。

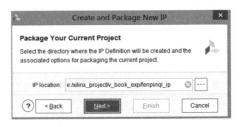

图 4.62　IP 核存放路径

此时，将出现如图 4.63 所示的"Package IP-fenpinqi"界面。左侧列表展示了对 IP 核定制过程的步骤，一共包含 8 个选项。

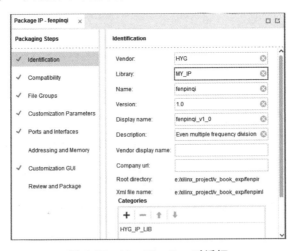

图 4.63　Identification 对话框

①"Identification"选项。

Vendor：设置设计者名称，或者设计提供者，此处设置为"HYG"。

Library：IP 所属的库名字，此处设置为"MY_IP"。

Name：IP 核的名字，默认是以当前工程名字，此处保持默认。

Version：版本号，此处默认为"1.0"。

Display name：IP 定制完成后在被调用时默认显示的名字，此处默认为"fenpinqi_v1_0"。

Description：IP 核描述，一般可以表达此 IP 核的基本功能、用途等描述内容。此处设置为"Even multiple frequency division"，表示描述为偶数倍分频器功能。

Vendor display name：指供应商/提供商公司的名字，此处为空。

Company url：指公司网址链接，有必要时可以填写。

Categories：IP 核所在目录，即为之前设置的库名字"HYG_IP_LIB"。

② "Compatibility"选项。

设置 IP 核支持的 FPGA 型号，即指定在哪些 FPGA 中可以调用该 IP 核，如图 4.64 所示，此处默认即可。

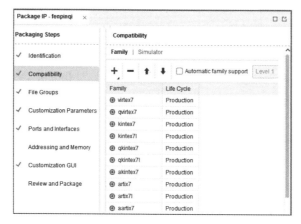

图 4.64　设置 IP 核支持的 FPGA 型号

③ "File Groups"选项。

如图 4.65 所示，此选项是指设置 IP 核所包含的设计文件，默认即可。

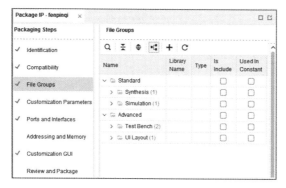

图 4.65　"File Groups"选项

④ "Customization Parameters" 选项。

如图 4.66 所示，该选项用于编辑 IP 核中所提供给用户调用时参数属性定义。在此例中，只有一个参数 "R"，表示分频器的分频系数值的一半，用户可以通过改变该参数的大小，实现不同分频系数设定，从而得到不同的频率输出。可以在图中双击 "R" 参数，弹出图 4.67 所示的对话框。

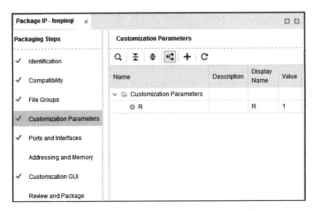

图 4.66　Customization Parameters 选项

在图 4.67 中，主要设置参数的名字、在调用 IP 核图形可视化窗口中参数是否可见、以及参数的取值范围的设定选项、参数默认值等信息。此处按图 4.67 所示的参数设置即可。

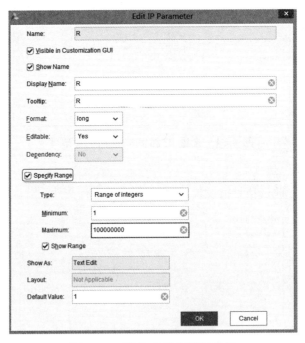

图 4.67　"R" 参数设置对话框

⑤ "Ports and Interfaces" 选项。

IP 核对外的端口属性设置，包含名字等设置信息，默认即可，如图 4.68 所示。

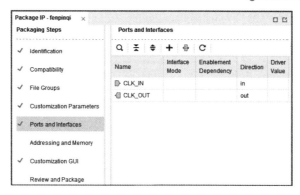

图 4.68 "Ports and Interfaces" 选项

⑥ "Customization GUI" 选项。

此选项显示了定义成功后的 IP 核元件符号图形，以及可修改的参数变量等信息，此处保持默认即可，如图 4.69 所示。

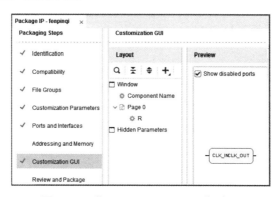

图 4.69 "Customization GUI" 选项

⑦ "Review and Package" 选项。

最后，完成所有 IP 核定制参数设置，单击 "Package IP" 按钮，如图 4.70 所示，启动 IP 封装工具生成特定的 IP 核。

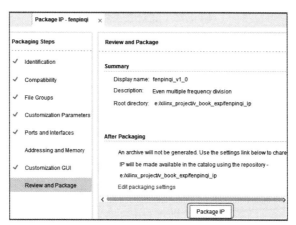

图 4.70 Review and Package 选项

当出现如图 4.71 所示的 "Finished packaging 'fenpinqi_v1_0' successfully" 对话框，提示封装 IP 成功，单击 "OK" 按钮，至此完成 IP 核的定制。

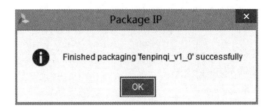

图 4.71　完成定制对话框

4.3.2　调用分频器 IP 核

为了验证刚刚定制的分频器 IP 核功能是否正确，能否成功添加进入 Vivado IP 核资源库目录，下面以一个简单调用分频器 IP 的应用实例，证明用户自定义 IP 核真实有效。

1. 设计任务

本示例的主要任务是基于 IP 核设计思想，完成对一个基准时钟信号 CLK，分频输出 3 个不同频率信号，其中分频比分别为 2、10 和 20，任务如图 4.72 所示。

设计思路是调用【代码 4.10】生成的 IP 核，通过修改 R 参数值，即可实现相应分频系数的信号输出。

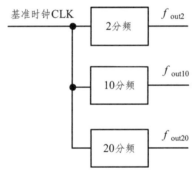

图 4.72　设计任务框图

2. 实现过程

（1）新建工程。

打开 Vivado 软件，新建一个名为 "fenpinqi_call" 的工程，单击 "Next"，在器件型号选择界面选中 "xc7z020clg484-1" 的 FPGA，完成工程建立。

（2）设置调用自定义 IP 核路径。

Vivado IP 核资源管理器中默认只包含了软件自带的 IP 库，用户自定义的 IP 库需要添加路径设置，才能在 IP Catalog 目录中查询调用。

在 Vivado 左侧的 "Flow Navigator" 项目设计流程管理窗口，单击【PROJECT MANAGER】→【Settings】，弹出工程属性设置对话框，如图 4.73 所示。单击【Project

Settings】→【IP】→【Repository】，进入IP资源库添加对话框，通过添加IP核所在目录（一个路径），就能添加IP目录到存储库列表中。

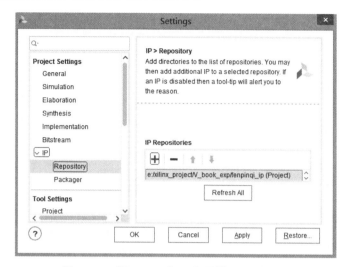

图 4.73 "Settings"工程属性设置对话框

在图 4.73 中单击窗口中部的➕按钮，弹出"IP Repositories"添加（add）路径选择对话框，如图 4.74 所示。找到已定制的IP核存放路径，此处分频器IP核工程路径为"E:\xilinx_project\V_book_exp\fenpinqi_ip"，选中工程文件夹名"fenpinqi_ip"即可，然后单击"Select"，弹出"Add Repository"对话框，如图 4.75 所示。

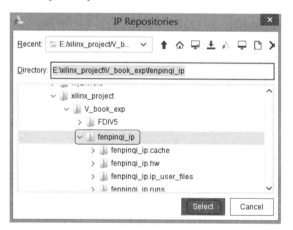

图 4.74 指定 IP 核所在工程路径

在图 4.75 中，如果指定路径中包含已定义的IP，此时会自动显示出来，如图中显示指定路径中包含 1 个IP核，名称是"fenpinqi_v1_0"，说明路径设置正确。单击"OK"，完成路径添加，结果如图 4.73 所示，然后单击"OK"。

此时，在 Vivado 左侧的"Flow Navigator"项目设计流程管理窗口，单击【PROJECT MANAGER】→【IP Catalog】，弹出IP资源管理器窗口，在库列表中除了 Vivado Repository

IP 资源外，自动显示添加成功的自定义 IP 目录"User Repository"→"HYG_IP_LIB"→"fenpinqi_v1_0"，如图 4.76 所示，表明自定义 IP 核成功添加到 Vivado IP 核管理器中。

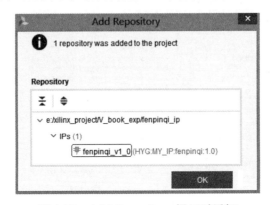

图 4.75　Add Repository 提示对话框

（3）创建 Block 设计文件。

此处采用图形设计方法，调用分频器 IP 核，完成设计任务。

执行【IP INTEGRATOR】→【Create Block Design】选项，可采用默认文件名（design_1）创建图形设计文件。

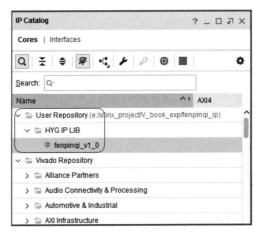

图 4.76　自定义 IP 核目录添加成功

（4）调用 3 个分频器 IP 核。

在 Diagram 图形编辑窗口中单击工具栏中 ✚ 按钮，打开 IP 核资源库管理器，在"Search"查询对话框中，输入"fenpinqi"或"fe"时，在列表中就会显示"fenpinqi_v1_0"，如图 4.77 所示，双击添加到原理图设计文件中，其元件外观如图 4.78 所示。

双击调出的"fenpinqi_v1_0"IP 核元件符号，弹出如图 4.79 所示的对话框，进行参数设置。

在该对话框中，不难发现，只有一个参数 R 需要设置，其取值范围 1～100 000 000 正是在定义 IP 核时设定的，根据分频器定义源文件中 R 参数代表的是分频比系数的一半，默认值为 1，即实现分频系数为 2 倍分频，刚好满足设计任务中的一个信号输出。因此，这个 IP 核参数保持默认即可，单击"OK"，完成 IP 核参数设置。

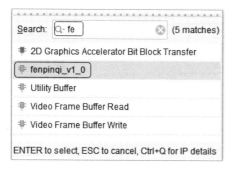

图 4.77　调用 "fenpinqi_v1_0" IP 核

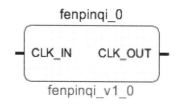

图 4.78　分频器 IP 元件

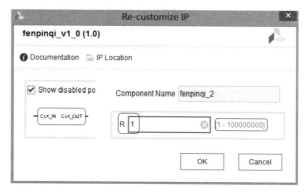

图 4.79　分频器 IP 核参数设置对话框

如法炮制，重复再调用 2 个分频器 IP 核，分别设置 R 取值为 5 和 10，即完成 10 倍分频和 20 倍分频。在原理图中，也可以采用复制粘贴的方法完成对同一个 IP 元件的重复调用。

（5）绘制原理图。

根据设计任务框图，采用原理图绘制导线、添加端口和更改端口名的方法，完成如图 4.80 所示效果的原理图绘制。其中，CLK 是基准时钟输入端口；CLK_2 代表是 2 分频输出端口；CLK_10 代表是 10 倍分频输出端口；CLK_20 代表是 20 倍分频输出端口；3 个分频器 IP 核的元件名依次更改为 "fenpinqi_2" "fenpinqi_10" 和 "fenpinqi_20"，保存文件并做有效性检测。

（6）生成设计输出文件。

在 Vivado 设计界面的 BLOCK DESIGN 窗口中，右键单击【Sources】→【Design Sources】→ "design_1" 文件，弹出浮动菜单，执行 "Generate Output Products…"，在弹出的 "Generate Output Products" 对话框中，单击 "Generate"，在弹出的生成结果信息提示框中，单击 "OK"。

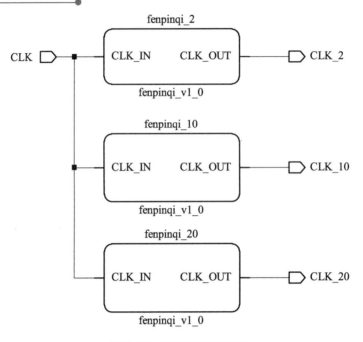

图 4.80 顶层设计原理图

（7）生成"design_1_wrapper.v"顶层文件。

再次右键单击【Sources】→【Design Sources】→"design_1"文件，弹出浮动菜单，执行"Create HDL Wrapper…"选项，在弹出的"Create HDL Wrapper"对话框中，选择"Let Vivado manage wrapper and auto-update"，保持默认设置，单击"OK"。

此时，在工程设计源文件目录中，生成了"design_1_wrapper.v"，见【代码 4.11】。

【代码 4.11】design_1_wrapper.v

```
1    `timescale 1 ps / 1 ps
2    module design_1_wrapper
3      (CLK,
4       CLK_10,
5       CLK_2,
6       CLK_20);
7    input CLK;
8    output CLK_10;
9    output CLK_2;
10   output CLK_20;
11
12   wire CLK;
13   wire CLK_10;
```

```
14    wire CLK_2;
15    wire CLK_20;
16
17    design_1 design_1_i
18        (.CLK(CLK),
19         .CLK_10(CLK_10),
20         .CLK_2(CLK_2),
21         .CLK_20(CLK_20));
22    endmodule
1     `timescale 1 ps / 1 ps
2     module dds_sin_wrapper
3       (CLK,
4        Q);
5       input CLK;
6       output [7:0]Q;
7
8       wire CLK;
9       wire [7:0]Q;
10
11      dds_sin dds_sin_i
12        (.CLK(CLK),
13         .Q(Q));
14    endmodule
```

（8）设计综合。

在 Vivado 左侧的"Flow Navigator"项目设计流程管理窗口，找到【SYNTHESIS】→【Run Synthesis】并单击，或在工具栏上单击▶图标，在下拉菜单中选择【Run Synthesis】，启动运行设计综合。

综合完成后单击【RTL ANALYSIS】→【Open Elaborated Design】→【Schematic】，打开"Schematic"网表结构如图 4.81 所示。

在图 4.81 中，主要是由"design_1_i"元件和输入、输出缓冲器构成。其中，"design_1_i"元件符号上有➕号，可以将鼠标移动到➕号上，此时将会变为双箭头，表示此元件可以展开，查看调用底层设计结构情况，单击➕号后弹出如图 4.82 所示的"design_1_i"模块内部结构。

在图 4.82 中可看出，"design_1_i"模块由 3 个 IP 核构成，同理，每一个 IP 核元件符号左上角都有 ➕ 号，说明都可以单击鼠标再次展开，进一步观看 IP 核的内部结构，单击展开其中的"fenpinqi_2"元件，会出现如图 4.83 所示的电路结构。

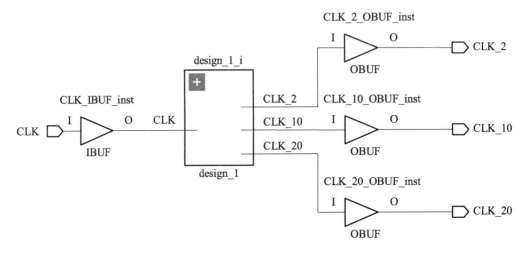

图 4.81　顶层设计 RTL 网表结构

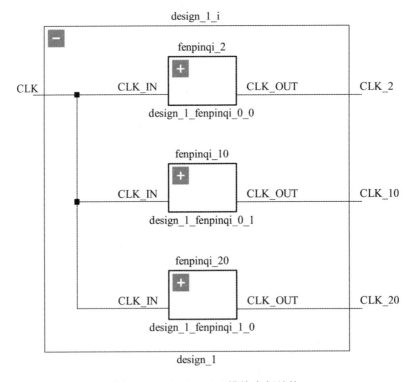

图 4.82　design_1_i 模块内部结构

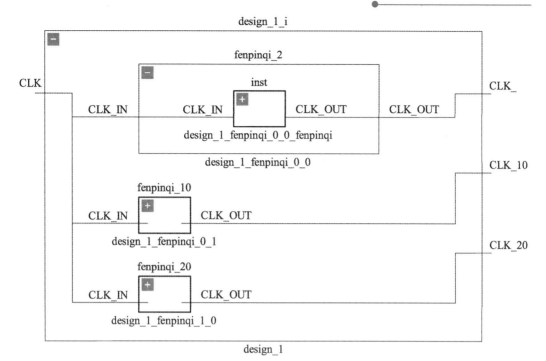

图 4.83 展开 "fenpinqi_2" 的电路结构

同理，在"fenpinqi_2"内部的"inst"元件还可以继续查看最底层电路结构，这充分体现了基于 Verilog HDL 是自顶向下的设计思想。

（9）仿真测试。

参考【代码 4.12】编写 Testbench 激励代码，对刚刚生成的"design_1_wrapper.v"进行测试。

【代码 4.12】design_1_wrapper.v 仿真测试代码

```
1    `timescale 1ns / 1ps
2    module design_1_wrapper_tb( );
3      reg CLK=0;
4      wire CLK_10;
5      wire CLK_2;
6      wire CLK_20;
7      design_1_wrapper  inst(CLK, CLK_10, CLK_2, CLK_20);
8      always #50 CLK =~ CLK;
9    endmodule
```

保存仿真测试文件，单击工程管理器界面的【SIMULATION】→【Run Simulation】→【Run Behavioral Simultaion】，启动行为仿真，仿真结果如图 4.84 所示。

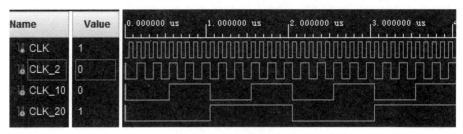

图 4.84　仿真波形

从仿真波形中可以看出，分别输出了基准时钟 2 分频、10 分频和 20 分频的 3 个不同频率信号，说明 IP 核设计正确，能被正确调用，实现相应功能。

4.3.3　习题与实验

1. 设计 8 位共阴极数码管的动态扫描电路，经仿真测试功能正确后，将其定义为 IP 核，供以后使用。

2. 设计一个模 N 计数器，其中 N 参数化，封装成 IP 核，再调用设置参数，设计实现秒表电路功能。

4.4　IP 核的移植

知识点：vivado 标准 IP 核、用户自定义 IP 核移植方法，如何创建 IP 核库。

重　点：熟练掌握用户自定义 IP 核移植方法。

难　点：掌握 IP 核库设计技巧。

在进行数字系统设计过程中，通常定制生成的 IP 核会单独存在于每个应用工程项目中，如何简单高效地将其应用到其他项目或提供给他人使用，或是把单独定义的 IP 核集中成一个可以重复调用的库，那么该复制 IP 核对应的那些设计源文件，就显得很重要。本小节旨在介绍 vivado 标准 IP 核、用户自定义 IP 核移植方法，轻松实现 IP 核的共享。

4.4.1　vivado 标准 IP 核移植

一般地，调用 vivado 自带 IP 核进行参数化应用后，如果需要将其复制移植到其他工程，以减少定制参数繁琐过程，节约设计时间成本，可以分 3 步完成其移植过程，如图 4.85 所示。

图 4.85　标准 IP 核移植过程

下面以 4.2.2 的二进制计数器工程项目"counter_ip"中调用的"c_counter_binary_0"为例，介绍标准 IP 核移植方法。

1. 拷贝 IP 文件夹

分两种情况，一是从 Vivado 安装目录文件夹中找到相关 IP 核的源代码进行复制，此时参数采用 IP 核默认设置；二是从现有设计工程中找到已调用并经参数设置的 IP 核进行复制，此时将保留已定义 IP 核中的参数。

所有标准 IP 核的源文件都保存在 Vivado 软件安装目录".\data\ip\xilinx"中，在其中找到相应 IP 核，复制整个文件夹。例如，路径"D:\Xilinx\Vivado\2019.2\data\ip\xilinx"，找到二进制计数器 IP 核的源文件，并复制粘贴到目标工程文件中即可，如图 4.86 所示。

图 4.86　二进制计数器标准 IP 核文件夹目录

在工程项目中如果添加了 IP 核，那么在添加过程中软件都会将 IP 核的源文件复制到工程所在的目录下。例如，在 4.2.2 中的已建工程文件目录路径"E:\xilinx_project\V_book_exp\counter_ip\counter_ip.srcs\sources_1\ip"中，已经包含定制好的二进制计数器 IP 核"c_counter_binary_0"，找到该文件夹，复制粘贴到目标工程文件夹中即可，如图 4.87 所示。

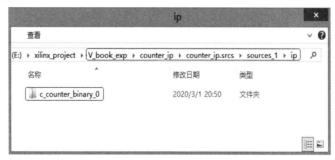

图 4.87　4.2.2 工程项目路径

2. 添加到 IP Sources 中

在新的目标工程管理器"PROJECT MANAGER"中，单击添加设计源文件按钮，如图 4.88 所示，弹出图 4.89 所示的添加设计文件对话框。

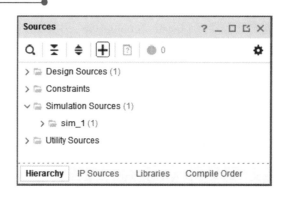

图 4.88 添加设计文件

在图 4.89 中，通过单击"Add Directories"添加文件夹目录按钮，找到刚刚粘贴的二进制计数器 IP 核文件夹"c_counter_binary_0"，然后单击 Finish。

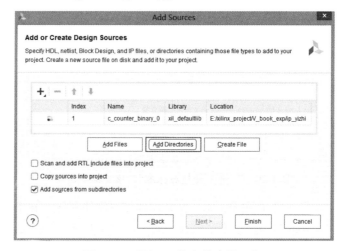

图 4.89 添加 IP 核文件夹进工程

此时，在新工程项目的"Design Sources"中，已经出现了二进制计数器 IP 核文件，移植成功，如图 4.90 所示。

图 4.90 成功移植 IP 核进新工程

3. 例化 IP 核

完成上述移植后，在新的工程顶层设计文件中，可以采用例化方法，将 IP 核集成到系统中，此时的 IP 参数信息和原工程项目中的功能完全一样，移植成功。

4.4.2 用户自定义 IP 核移植

用户自定义 IP 核的移植方法非常简单，只需复制定义 IP 核时生成的设计文件到新目标工程文件夹，然后在新工程 IP 核调用中添加 IP 核所在路径即可实现调用移植。

1. 自定义 IP 核生成文件

当用户参照 4.3 方法进行 IP 核定制设计时，会在其工程文件夹中生成这样一个路径"工程名_srcs\sources_1\new"，所有 IP 核定制的源文件都放在该路径文件夹下。一般包含 3 个对象：

（1）xgui 文件夹。

（2）component.xml 文件（IP 核描述）。

（3）.v 源文件（IP 核对应的 Verilog 代码源文件）。

以分频器 IP 核设计为例，如图 4.91 所示。

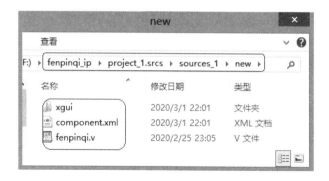

图 4.91　自定义 IP 核源文件

找到 IP 核工程对应的 new 文件夹，复制文件夹中全部内容，粘贴到自己的 IP 核库文件夹中，可以为每一个 IP 核取特有的名字。按照此方法，可以将不同 IP 核定制工程中对应的源文件拷贝到固定的地方，形成自己的专属 IP 库。当需要共享 IP 核资源给他人时，只需要将此文件夹复制到新的目标工程中即可。

2. 添加 Repository 路径

在 Vivado 左侧的"Flow Navigator"项目设计流程管理窗口，单击【PROJECT MANAGER】→【Settings】，弹出工程属性设置对话框，单击【Project Settings】→【IP】→【Repository】，单击窗口中部的 ➕ 按钮，弹出"IP Repositories"添加（add）路径选择

对话框，找到粘贴 IP 核设计文件所在路径，然后单击"Select"，弹出"Add Repository"对话框会自动显示刚刚复制的 IP 核名字"fenpinqi_v1_0"，说明 IP 核资源可用，移植成功，进而完成调用此 IP 核的顶层设计即可。

第 5 章 数字系统设计案例

5.1 VGA 驱动设计

VGA（Video Graphics Array）是 IBM 在 1987 年推出的一种视频传输标准，具有分辨率高、显示速率快、颜色丰富等优点，在彩色显示器领域得到了广泛的应用。

5.1.1 VGA 概述

1. 显示器的工作原理

常见的彩色显示器，一般由 CRT（阴极射线管）构成，彩色是由 R、G、B（红、绿、蓝）三基色组成。CRT 用逐行扫描或隔行扫描的方式实现图像显示，由 VGA 控制模块产生的水平同步信号和垂直同步信号控制阴极射线枪产生的电子束，打在涂有荧光粉的荧光屏上，产生 R、G、B 三基色，合成一个彩色像素。扫描从屏幕的左上方开始，由左至右，由上到下，逐行进行扫描，每扫完一行，电子束回到屏幕下一行的起始位置，在回扫期间，CRT 对电子束进行消隐，每行结束用行同步信号 HS 进行行同步；扫描完所有行，再由场同步信号 VS 进行场同步，并使扫描回到屏幕的左上方，同时进行场消隐，预备下一场的扫描。行同步信号 HS 和场同步信号 VS 是两个重要的信号。显示过程中，HS 和 VS 的极性可正可负，显示器内可自动转换为正极性逻辑。虽然液晶显示器可以直接接收数字信号，但为了兼容性，大多数液晶显示器也配备了 VGA 接口。

2. 像素与分辨率

显示器上输出的一切信息，包括数值、文字、表格、图像、动画等，都是由光点（即像素）构成的。组成屏幕显示画面的最小单位是像素，像素之间的最小距离为点距（Pitch）。点距越小像素密度越大，画面越清晰。显示器的点距有 0.31 mm、0.28 mm、0.24 mm、0.22 mm 等多种。

分辨率指整屏显示的像素的多少，是衡量显示器的一个常用指标。它同屏幕尺寸及点距密切相关，可用屏幕实际显示的尺寸与点距相除来近似求得。点距为 0.28 mm 的 15 英寸显示器，分辨率最高为 1 024×768。

3. 像素颜色编码

一个像素点可以显示多少种颜色，是由表示该像素的二进制位数（像素的位宽）决定的。像素位宽为 8 bit，则每个像素有 2^8=256 种颜色；位宽为 16 bit 则有 2^{16}=65 535 种颜色；位宽为 24 bit，则有 2^{24} 即一千七百多万种颜色。对于 PC 机的显示卡，其内部的 D/A（数/模）转换电路将每个像素的位宽（二进制位整数）转换成对应亮度的 R、G、B（红、绿、蓝）模拟信号，控制屏幕上相应的三色荧光点发光，从而产生不同的颜色。表 5.1 所示为三原色直接组合产生的 8 种颜色编码。

表 5.1　颜色编码

颜色	黑	蓝	红	品	绿	青	黄	白
R	0	0	1	0	0	1	1	1
G	0	0	0	1	1	0	1	1
B	0	1	0	1	0	1	0	1

4. VGA 协议

VGA 协议主要由 5 个输入信号组成，也是 HSYNC Signal，VSYNC Signal，RGB Signal。其中，HSYNC Signal 是"列同步信号"，VSYNC Signal 是"行同步信号"，RGB Signal 是"红色-绿色-蓝色"颜色信号。

5. VGA 接口

VGA 接口实物外观如图 5.1 所示，它是一种 D 型接口（D-SUB），共有 15 针，分成三排，每排 5 个，而与之配套的底座则为 15 孔型接口。

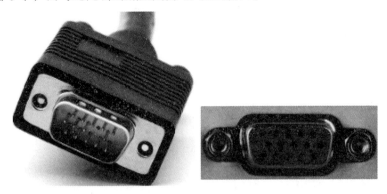

图 5.1　VGA 接口及底座

VGA 接口的电路设计原理如图 5.2 所示，引脚 1、2、3 分别为红绿蓝三基色模拟电压，为 0 ~ 0.714 V peak-peak（峰-峰值），0 V 代表无色，0.714 V 代表满色。一些非标准显示器使用的是 1 V$_{pp}$ 的满色电平。

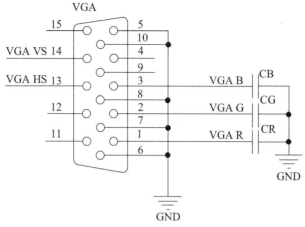

图 5.2 VGA 接口电路

5.1.2 VGA 时序

VGA 的扫描是固定的，扫描顺序是从左到右，从上到下。一帧的屏幕是由 "m 行扫描" 和 "n 列填充" 组成，如图 5.3 所示。

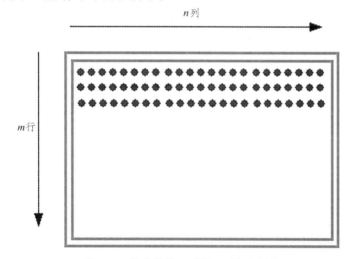

图 5.3 显示器的 m 行和 n 列示意图

例如，在 640x480@60 Hz 的显示模式下，从显示器的左上角开始往右扫描，直到 640 个像素扫完，再回到最左边，开始第二行的扫描，如此往复，到第 480 行扫完时即完成一帧图像的显示。这时又回到左上角，开始下一帧图像的扫描。如果每秒能完成 60 帧，则称屏幕刷新频率为 60 Hz。宏观上，一帧屏幕由 480 个行和 640 个列填充而成，而实际上，一帧屏幕除了显示区，还包含其他未显示部分，作为边框或者用来同步。

具体而言，一个完整的行同步信号包含了 a（同步段），b（后廊段），c（显示区），d（前廊段），其中 a 是拉低的 96 个列像素，b 是拉高的 48 个列像素，c 是拉高的 640 个列像素，而最后的 d 是拉高的 16 个列像素。一列总共有 800 个像素；场同步信号也是包含有 o（同步段），p（后廊段），q（显示区），r（前廊段），其中 o 是拉低的 2 个行像素，p 是拉高的 33 个行像素，q 是拉高的 480 个行像素，而最后的 r 是拉高的 10 个行像素。一场总共有 525 个行像素。其中行扫描信号和场扫描信号的时序分别如图 5.4 和图 5.5 所示。

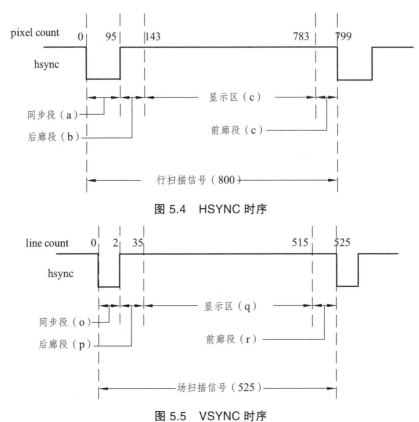

图 5.4　HSYNC 时序

图 5.5　VSYNC 时序

根据 640x480@60Hz 显示模式的 VGA 工业标准要求，有表 5.2 所示的扫描数据要求，时钟频率（Clock frequency）：25.175 MHz（像素输出的频率）；行频（Line frequency）：31 469 Hz；场频（Field frequency）：59.94 Hz（每秒图像刷新频率）。

因此"一个列像素"的时间是时钟频率 25.175 MHz 的倒数，即一个列像素约 40 ns，"一个行像素"是以"列像素"为单位的，所以一个行像素=800 个列像素=800×40 ns = 32 μs。要完成一行的扫描，需要 800 个列像素时间。如果要完成所有行的扫描的话，需要 525×800×40（ns）的时间。总的行、场扫描时间见表 5.2。

表 5.2　行、场扫描时间

640×480@60Hz	a 段	b 段	c 段	d 段	总共 n 个列像素
HSYNC Signal 列像素	96	48	640	16	800
640×480@60Hz	o 段	p 段	q 段	r 段	总共 n 个行像素
VSYNC Signal 行像素	2	33	480	10	525

在 VGA 的显示模式中，除了表 5.2 所示的 640x480@60Hz 以外，还有多种显示模式，其时序参数如表 5.3 所示。

表 5.3　常见刷新率时序表

显示模式	时钟 /MHz	行时序（像素数）					帧时序（行数）				
		a	b	c	d	N 像素	o	p	q	r	N 行
640x480@60	25.175	96	48	640	16	800	2	33	480	10	525
640x480@75	31.5	64	120	640	16	840	3	16	480	1	500
800x600@60	40.0	128	88	800	40	1 056	4	23	600	1	628
800x600@75	49.5	80	160	800	16	1 056	3	21	600	1	625
1 024x768@60	65	136	160	1 024	24	1 344	6	29	768	3	806
1 024x768@75	78.8	176	176	1 024	16	1 312	3	28	768	3	800
1 280x1 024@60	108.0	112	248	1 280	48	1 688	3	38	1 024	1	1 066
1 280x800@60	83.46	136	200	1 280	64	1 680	3	24	800	1	828
1 440x900@60	106.47	152	232	1 440	80	1 904	3	28	900	1	932

5.1.3　VGA 时序实现

从时序图中可以看出，只有在 HSYNC Signal（简称 HS）的 c 段和 VSYNC Signal（简称 VS）的 q 段显示区，数据的输入才有效。换句话说，显示内容是发生在交叉的部分，即"有效区域"，该区域可以表示为

列像素> 144 && 列像素<784 && 行像素 > 35 && 行像素 < 515

而 HS 行扫描信号的周期大小为 800 个像素时间，而低电平持续时间为行同步头时间即 96 个像素时间。VS 场扫描信号的周期大小为 525 个行周期时间，而低电平持续时间为 2 个行周期时间。因此，为了实现该时序电路设计要求，VGA 时序控制模块主要通过定义"Count_H"和"Count_V"两个计数器，实现了 HS 和 VS 时序信号，其中"Count_H"计数器实现对"列像素"计数，其计数范围为 0～800；"Count_V"计数器实现了对"行"的计数，其计数范围为 0～525。除此之外，VGA 时序控制模块还输出有效显示区域的 x 地址（Column_Addr_Sig），y 地址（Row_Addr_Sig）和有效区域信号（Ready_Sig）标志位等功能，具体的设计参考【代码 5.1】。

【代码 5.1】VGA 时序控制模块

```
1    module VGA_SYNC(            //640×480@60 Hz显示模式时序产生模块
2              CLK_50MHz, RSTn,
3              VSYNC_Sig, HSYNC_Sig, Ready_Sig,
4              Column_Addr_Sig, Row_Addr_Sig );
5    input   CLK_50MHz;          //输入50 MHz时钟
```

```
6          input    RSTn;
7          output   VSYNC_Sig;                    //输出场扫描信号
8          output   HSYNC_Sig;                    //输出行扫描信号
9          output   Ready_Sig;                      //输出图像显示区有效信号
10         output   [9:0]  Column_Addr_Sig;        //输出图像列地址信号
11         output   [9:0]  Row_Addr_Sig;           //输出图像行地址信号

/********************************************************************
**************/
12         reg CLK;
13         always@( posedge CLK_50MHz or negedge RSTn)
14             if( !RSTn )
15               CLK<=1'b0;
16              else
17                CLK<= ~ CLK;    //二分频得到25MHz VGA时钟

/********************************************************************
**************/
18         reg [10:0] Count_H;
19         always @ ( posedge CLK or negedge RSTn )
20             if( !RSTn )
21                   Count_H <= 11'd0;
22             else if( Count_H == 11'd800 )
23                   Count_H <= 11'd0;
24             else
25               Count_H <= Count_H + 1'b1;  //列像素计数器0～800
26
/********************************************************************
**************/
27         reg [10:0]Count_V;
28         always @ ( posedge CLK or negedge RSTn )
29             if( !RSTn )
30                   Count_V <= 11'd0;
31             else if( Count_V == 11'd525 )
32                   Count_V <= 11'd0;
```

```
33              else if( Count_H == 11'd800 )
34                    Count_V <= Count_V + 1'b1;  //行计数器0～525
/*****************************************************************
***************/
35      reg isReady;
36      always @ ( posedge CLK or negedge RSTn )
37          if( !RSTn )
38                    isReady <= 1'b0;
39          else if( ( Count_H > 11'd144 && Count_H < 11'd784 ) &&
40                    ( Count_V > 11'd35 && Count_V < 11'd515 ) )
41                    isReady <= 1'b1;                //图像有效显示区标志
信号
42          else
43                    isReady <= 1'b0;
/*****************************************************************
***************/
44   assign VSYNC_Sig = ( Count_V <= 11'd2 ) ? 1'b0 : 1'b1;
                                                    //产生VS信号
45   assign HSYNC_Sig = ( Count_H <= 11'd96 ) ? 1'b0 : 1'b1;
                                                    //产生HS信号
46   assign Ready_Sig = isReady;
/*****************************************************************
***************/
47   assign Column_Addr_Sig = isReady ? Count_H - 11'd144 : 11'd0;
//图像列地址
48    assign Row_Addr_Sig = isReady ? Count_V - 11'd35 : 11'd0;   //
图像行地址
/*****************************************************************
***************/
49   endmodule
```

在【代码 5.1】中，首先将 FPGA 最小系统中的 50 MHz 时钟进行了二分频，以符合 640×480@60 Hz 显示模式的像素时钟的要求。如果是其他的显示模式所需时钟频率，可以通过 PLL 锁相环来实现。

5.1.4　横、竖彩条显示设计

在【代码 5.1】实现了 VGA 驱动设计之后，便可以在图像的有效显示区中，送入相应的显示内容即可完成 VGA 显示。无论是要显示图片、文字还是几何图形等，其显示内容的基本原理都是在相应的像素点位置，通过指定确定的像素颜色编码实现。【代码 5.2】模块完成了横彩条显示效果设计，其基本方法是对 VGA 的有效显示区进行分区域显示不同颜色，通过对行计数器进行均分讨论，并在对应区域赋予不同颜色编码实现。具体是将整个 480 行有效区域以平均 60 行为单位进行了均分，并在每个区域赋予不同颜色编码。

【代码 5.2】横彩条设计代码

```
1        module VGA_hengcaitiao(
2                            CLK_50MHz, RSTn,
3                            Ready_Sig,
4                            Column_Addr_Sig, Row_Addr_Sig,
5                            r,g,b);
6        input CLK_50MHz;
7        input RSTn;
8        input Ready_Sig;
9        input [9:0]Column_Addr_Sig;
10       input [9:0]Row_Addr_Sig;
11       output r,g,b;
/****************************************************************
***************/
12       reg [2:0] RGB;
13       reg CLK;
/****************************************************************
***************/
14       always@( posedge CLK_50MHz or negedge RSTn)
15          if( !RSTn )
16              CLK<=1'B0;
17          else  CLK<= ~ CLK;
/****************************************************************
****************/
18    always @ ( posedge CLK or negedge RSTn )
19     if( !RSTn )
20            begin RGB<= 3'b000;end
```

```
21    else if( ( Row_Addr_Sig > 11'd0 && Row_Addr_Sig < 11'd60 ) )
22          begin RGB<= 3'b000;end
23   else if( ( Row_Addr_Sig > 11'd60 && Row_Addr_Sig < 11'd120 ) )
24          begin RGB<= 3'b001;end
25  else if( ( Row_Addr_Sig > 11'd120 && Row_Addr_Sig < 11'd180 ) )
26          begin RGB<= 3'b010;end
27  else if( ( Row_Addr_Sig > 11'd180 && Row_Addr_Sig < 11'd240 ) )
28          begin RGB<= 3'b011;end
29  else if( ( Row_Addr_Sig > 11'd240 && Row_Addr_Sig < 11'd300 ) )
30          begin RGB<= 3'b100;end
31  else if( ( Row_Addr_Sig > 11'd300 && Row_Addr_Sig < 11'd360 ) )
32          begin RGB<= 3'b101;end
33  else if( ( Row_Addr_Sig > 11'd360 && Row_Addr_Sig < 11'd420 ) )
34          begin RGB<= 3'b110;end
35  else if( ( Row_Addr_Sig > 11'd420 && Row_Addr_Sig < 11'd480 ) )
36          begin RGB<= 3'b111;end
37  else     begin RGB<= 3'b000;end     //有效区外时，必须清零
/***************************************************************/
38          assign r = Ready_Sig & RGB[2];
39          assign g = Ready_Sig & RGB[1];
40          assign b = Ready_Sig & RGB[0];
/***************************************************************/
41      endmodule
```

【代码 5.2】只是横彩条效果设计代码，要能在 VGA 显示器上看到正确的显示效果，还需要采用层次化设计方法，通过调用 VGA 时序模块【代码 5.1】和刚刚完成的横彩条模块【代码 5.2】才能实现。完成的顶层设计文件如【代码 5.3】所示。

【代码 5.3】横彩条顶层设计代码

```
1   module VGA_caitiao_top ( CLK_50MHz, RSTn,
2                              VSYNC,HSYNC,
3                              r,g,b);
4     input   CLK_50MHz;
5     input   RSTn;
6     output  VSYNC,HSYNC;
```

```
7      output  r,g,b;
/***********************************************************
*************/
8      wire  ready;
9      wire  [9:0]  Column_Addr;
10     wire  [9:0]  Row_Addr;
/***********************************************************
*************/
11     VGA_SYNC  inst1 (.CLK_50MHz(CLK_50MHz),
12                    .RSTn(RSTn),
13                    .VSYNC_Sig(VSYNC),
14                    .HSYNC_Sig(HSYNC),
15                    .Ready_Sig(ready),
16                    .Column_Addr_Sig(Column_Addr),
17                    .Row_Addr_Sig(Row_Addr)
18                    );
/***********************************************************
*************/
19     VGA_hengcaitiao  inst2 (.CLK_50MHz(CLK_50MHz),
20                       .RSTn(RSTn),
21                       .Ready_Sig(ready),
22                       .Column_Addr_Sig(Column_Addr),
23                       .Row_Addr_Sig(Row_Addr),
24                       .r(r),
25                       .g(g),
26                       .b(b)
27                       );
28  endmodule
```

根据横彩条设计原理，实现竖彩条效果显示则只需要对列计数器的有效区域进行分区讨论并赋予对应的颜色编码即可。具体实现方法是将 800 列有效显示区，以 80 列为单位均分为 8 等份，然后赋予不同的颜色值，其参考代码如【代码 5.4】所示。

【代码 5.4】竖彩条设计代码

```
module VGA_shucaitiao (CLK_50MHz, RSTn,
2                         Ready_Sig,
3                         Column_Addr_Sig, Row_Addr_Sig,
```

```verilog
4                         r,g,b);
5         input CLK_50MHz;
6         input RSTn;
7         input Ready_Sig;
8         input  [9:0]  Column_Addr_Sig;
9         input  [9:0]  Row_Addr_Sig;
10        output r,g,b;
/****************************************************************
***************/
11        reg [2:0] RGB;
12        reg CLK;
/****************************************************************
***************/
13        always@( posedge CLK_50MHz or negedge RSTn)
14            if( !RSTn )
15                  CLK<=1'B0;
16            else  CLK<= ~ CLK;
/****************************************************************
***************/
17        always @ ( posedge CLK or negedge RSTn )
18         if( !RSTn )
19                  begin RGB<= 3'b000;end
20        else if( ( Column_Addr_Sig > 11'd0 && Column_Addr_Sig
< 11'd80 ) )
21                  begin RGB<= 3'b000;end
22        else if( (Column_Addr_Sig > 11'd80 && Column_Addr_Sig
< 11'd160 ) )
23                  begin RGB<= 3'b001;end
24        else if((Column_Addr_Sig > 11'd160 && Column_Addr_Sig
< 11'd240 ) )
25                  begin RGB<= 3'b010;end
26        else if( ( Column_Addr_Sig > 11'd240 && Column_Addr_Sig
< 11'd320 ) )
27                  begin RGB<= 3'b011;end
28        else if( ( Column_Addr_Sig > 11'd320 && Column_Addr_Sig
```

```
< 11'd400 ) )
29                begin RGB<= 3'b100;end
30          else if( ( Column_Addr_Sig > 11'd400 && Column_Addr_Sig
< 11'd480 ) )
31                begin RGB<= 3'b101;end
32          else if( ( Column_Addr_Sig > 11'd480 && Column_Addr_Sig
< 11'd560 ) )
33                begin RGB<= 3'b110;end
34          else if( ( Column_Addr_Sig > 11'd560 && Column_Addr_Sig
< 11'd640 ) )
35                begin RGB<= 3'b111;end
36          else    begin RGB<= 3'b000;end      //有效区外时，必须清零
/***********************************************************
***************/
37       assign r = Ready_Sig & RGB[2];
38       assign g = Ready_Sig & RGB[1];
39       assign b = Ready_Sig & RGB[0];
/***********************************************************
***************/
40    endmodule
```

同样，还是需要参考【代码 5.3】的顶层设计方法，才能在显示器上正确看到竖彩条的效果。

5.1.5　字符显示

在 VGA 上显示英文字符、汉字等效果，其方法与在单片机中使用字符液晶显示一样，也是通过字符点阵原理实现。而在 VGA 显示中，处理点阵数据稍显复杂，一般设计思路是首先通过字模软件将要显示的字符进行取模操作，得到用"1"和"0"表示亮、灭（显示与不显示）关系组成的十六进制数据，然后再将字模数据存储于"LPM_ROM"模块中，在 VGA 正确时序控制下，依次读取 ROM 内的字模数据，对液晶屏对应像素点实现亮、灭控制，从而实现正确的显示效果。

本节以在 VGA 上显示"四川师范大学成都学院"10 个汉字为例，详细介绍 VGA 汉字显示的基本方法。

1. 字模提取

字模提取是利用字模提取软件实现的，这里采用的是"PCtoLCD2002"字模软件。

它能实现对不同字体，不同格式的文字，图片等进行取模，并且能方便地输出 C51、A51 或者各种格式的 16 进制字模。操作非常简单方便，图 5.6 所示为软件界面。

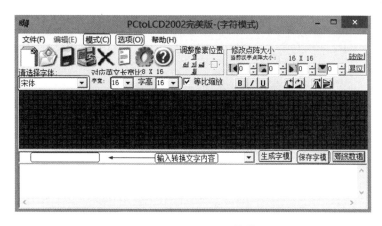

图 5.6　PCtoLCD2002 软件界面

在图 5.6 中，在"模式"菜单中设置为"字符模式"；打开"选项"菜单，对取模的格式进行设置，如图 5.7 所示。

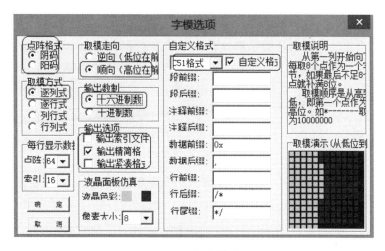

图 5.7　设置字模选项

在图 5.7 中，设置点阵格式为"阴码"，即用"1"表示显示，"0"不显示；取模方向为"顺向"（高位在前）；取模方式为"逐列式"，其余为默认即可。

在图 5.6 中可以改变字体和点阵大小，此处设置点阵大小为 64×64，然后在"输入文字转换内容"处输入要提取字模的内容，如"四川师范大学成都学院"，然后单击图 5.6 中的生存字模选项，软件显示界面如图 5.8 所示。

在图 5.8 中单击"保存字模"完成字模数据的存储，这样就得到了相应汉字的字模数据。仔细研究该数据组成结构，不难发现，按照这样的格式取模，每个汉字所占数据大小为 64×64 bit，在这些数据中，连续 4 个字节表示 1 列的字模数据。

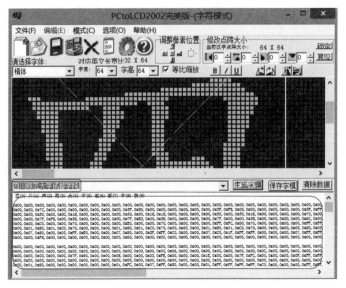

图 5.8 生成字模结果

2. 生成 MIF 文件

为了能将汉字字模数据存储在 ROM 中，前文介绍过必须将数据转换为 MIF 文件或者 Hex 文件格式，对于 MIF 文件的生成方法有很多，对于数据量小的时候可以采用手动输入，但是对于像文字、图片的取模数据，由于数据量非常庞大，手动输入不太可能。这里介绍由韩斌老师设计的一个自动生成 MIF 文件的软件的使用方法，即"C2Mif"软件。该软件使用非常方便，尤其对这种字模或图片取模数据，转换为 MIF 格式，使用简单。由于该软件只能识别","";""0x""{""}"、空格、回车这些字符，因此对于字模软件生成的字模文本文件中的其他注释部分以及文件头都需要手动删除，才能进行"C2Mif"软件的转换。

打开刚刚生成的字模文件，如图 5.9 所示，然后将图中的文件头和注释部分内容全部删除，然后保存文件，这样就可以通过"C2Mif"软件进行转换生成 MIF 文件。

图 5.9 编辑生成的字模文件

启动"C2Mif"软件，如图 5.10 所示。

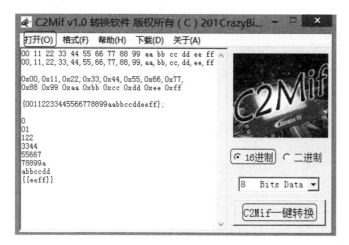

图 5.10 C2Mif 软件

在图 5.10 中单击"打开"菜单，选择前面生成并且修改好的字模文件，并设置数据格式为默认 16 进制，数据位宽在下拉框中选择 64 位数据格式，设置完成后单击"C2Mif一键转换"，即可生成 MIF 文件，如图 5.11 所示。

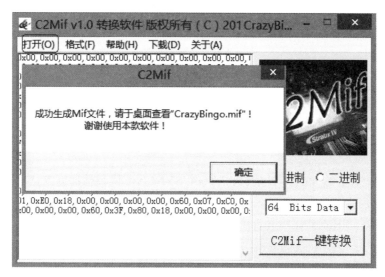

图 5.11 生成 MIF 文件

此时，在计算机桌面便生成了名为"CrazyBingo.mif"的文件，可以将该文件重命名为其他名字，此时可以用记事本打开如图 5.12 所示。

因为字模取模采用"逐列式"，且点阵大小为 64×64，所以该 MIF 文件内容数据位宽为 64，表示每个汉字 1 列的数据，因此要表示一个汉字需要用 64 个存储深度来存储数据。该示例总共将要显示的汉字为 10 个，因此，存储深度为 640。在定制 LPM_ROM 时，需要注意这两个参数。

图 5.12　生成的 MIF 文件

3. 定制 LPM_ROM

参考前文中定制 LPM_ROM 的设计方法，完成该字模数据存储器 ROM 的定制，注意数据位宽需要设置为 64 位，数据深度设置为 1 024，其余设置如前文所述。

4. 定制 PLL

为了设计简单，在该项目中需要用到 25 MHz 的 VGA 驱动时钟，因此，这里可以调用 PLL 宏功能模块实现将 50 MHz 分频为 25 MHz，向 VGA 时序模块，VGA 显示模块和 LPM_ROM 模块提供时钟信号。关于 PLL 的定制方法参考前文，此处不再重述。

5. VGA 时序模块

将【代码 5.1】的 VGA 时序模块"VGA_SYNC.v"代码稍加修改，原因是需要将该模块的时钟从原来的 50 MHz 输入，改变为由 PLL 直接提供的 25 MHz 时钟输入，因此，需要将【代码 5.1】中的二分频电路代码删除，同时把输入端口"CLK_50MHz"改为"LCK"即可。

6. VGA 汉字显示控制模块

该模块的主要功能是如何产生准确的 ROM 存储器的地址以及如何将 ROM 点阵数据准确对应到显示器的文字显示区。该模块设计见【代码 5.5】。

【代码 5.5】VGA 汉字显示控制模块

```
1     module VGA_content(   CLK, RSTn,
2                       Ready_Sig,
3                       Column_Addr_Sig, Row_Addr_Sig,DATAIN,
4                       address,r,g,b);
```

```
5            input  CLK;
6            input  RSTn;
7            input  Ready_Sig;
8            input  [9:0]  Column_Addr_Sig;
9            input  [9:0]  Row_Addr_Sig;
10           input  [63:0]  DATAIN;   //从 Rom 读入的字模数据
11           output [9:0]  address;
12           output r,g,b;
/*****************************************************************
***************/
13           reg [2:0] RGB;
14           reg [9:0]  x_pos;     //作为 Rom 地址
15           reg [5:0]  y_pos;   //字模数据中按列取模，字高大小为 64 点，
```
因此位宽为 6 位
/**************定义显示位置（字符显示区和非字符显示区）*************/
```
16           wire char_area = (Column_Addr_Sig>=0 &&
Column_Addr_Sig<640)&& (Row_Addr_Sig>=208 && Row_Addr_Sig<272);
17           wire area =   (Column_Addr_Sig>=0 &&
Column_Addr_Sig<640)&&(Row_Addr_Sig>=0 &&
Row_Addr_Sig<208)||(Column_Addr_Sig>=0 &&
Column_Addr_Sig<640)&&(Row_Addr_Sig>=272 && Row_Addr_Sig<480);
/*****************************************************************
***************/
18      always @ ( posedge CLK or negedge RSTn )
19        if( !RSTn )
20               begin RGB<= 3'b000;end
21         else if( char_area )
22                 begin
23                     x_pos<=Column_Addr_Sig;
24                     y_pos<=Row_Addr_Sig-208;
25                     if (DATAIN[64-y_pos])
26                          RGB<= 3'b100; //字符颜色为红色
27                     else
28                          RGB<= 3'b110; //字符背景色为黄色
```

```
29                        end
30          else if(area )
31                   RGB<= 3'b110;   //非字符显示区为黄色
32          else        RGB<= 3'b000;   //非屏幕有效显示区为黑色
/*********************************************************
***************/
33      assign r = Ready_Sig & RGB[2];
34      assign g = Ready_Sig & RGB[1];
35      assign b = Ready_Sig & RGB[0];
/*********************************************************
***************/
36      assign  address= x_pos; //输出 ROM 地址 0～640
37   endmodule
```

在该代码中第 16 行，确定了该 10 个汉字显示的区域为第 208 行至 271 行的所有列
（ 0 到 640 列）。字符的第一列共 64 位，存在存储器的地址位 addr0 的地方，第二列存在
addr1 的地方。所以深度为 640。当从存储器中取数的时候，扫描屏幕的一行，对应存储
器中一列。例如：显示字符的第一行，访问的存储器依次为 addr0，rom_data[63]；addr1，
rom_data[63]；addr2，rom_data[63]；…；addr639，rom_data[63]。

7. 顶层设计

完成上述各个模块设计后，将各模块文件拷贝到新工程文件中，建立工程，完成顶
层文件设计。可以采用原理图和文本两种方式实现，其中图 5.13 是原理图设计方式完成
的顶层设计，【代码 5.6】是采用文本方式完成的顶层设计代码。

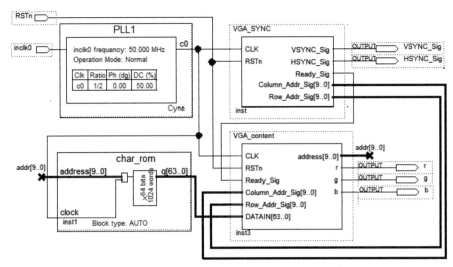

图 5.13　顶层设计原理图

【代码 5.6】VGA 汉字显示顶层设计

```verilog
module VGA_char_top ( CLK_50MHz, RSTn,
2                     VSYNC_Sig, HSYNC_Sig,
3                     r,g,b);
4        input    CLK_50MHz;
5        input    RSTn;
6        output   VSYNC_Sig;
7        output   HSYNC_Sig;
8        output   r,g,b;
/******************************************************
***************/
9        wire  CLK;
10       wire  ReadySig;
11       wire  [9:0] addr;
12       wire  [9:0] Column_Addr;
13       wire  [9:0] Row_Addr;
14       wire  [63:0] data;
/******************************************************
***************/
15       PLL1  inst1 ( .inclk0(CLK_50MHz),
16                     .c0(CLK)
17                     );
/******************************************************
***************/
18       char_rom  inst2 ( .clock(CLK),
19                         .address(addr),
20                         .q(data)
21                         );
/******************************************************
***************/
22       VGA_SYNC  inst3 ( .CLK(CLK),
23                         .RSTn(RSTn),
24                         .VSYNC_Sig(VSYNC_Sig),
25                         .HSYNC_Sig(HSYNC_Sig),
26                         .Ready_Sig(ReadySig),
```

```
27                          .Column_Addr_Sig(Column_Addr),
28                          .Row_Addr_Sig(Row_Addr)
29                          );
/*****************************************************************
***************/
30          VGA_content  inst4 (  .CLK(CLK),
31                          .RSTn(RSTn),
32                          .Ready_Sig(ReadySig),
33                          .Column_Addr_Sig(Column_Addr),
34                          .Row_Addr_Sig(Row_Addr),
35                          .DATAIN(data),
36                          .address(addr),
37                          .r(r),
38                          .g(g),
39                          .b(b)
40                          );
/*****************************************************************
***************/
41      endmodule
```

5.2　LCD1602 字符显示设计

5.2.1　LCD1602 简介

1. 实物参数

LCD1602 字符型液晶显示模块是一种专门用于显示字母、数字、符号等内容的点阵式 LCD,目前常用的有 16×1,16×2,20×2 和 40×2 行等型号规格。根据名称可以知道,这种字符的液晶能显示 2 行,每行 16 个字符功能,并且只能显示字母、数字和符号等字符,不能显示汉字,除非经过自定义字库,其实物外观和尺寸大小如图 5.14 所示。

2. 引脚功能

LCD1602 采用标准的 14 脚(无背光)或 16 脚(带背光)接口,各引脚接口说明如表 5.4 所示。

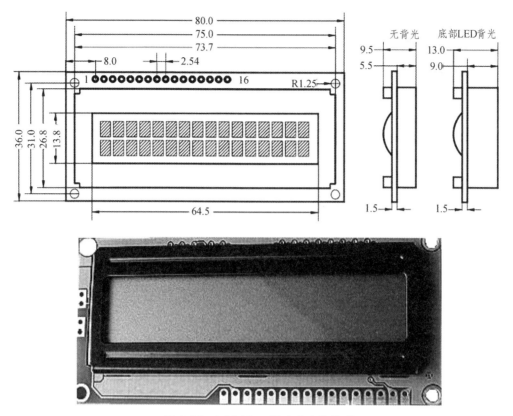

图 5.14 LCD1602 尺寸大小和外观

表 5.4 引脚功能说明

编号	符号	引脚说明	编号	符号	引脚说明
1	VSS	电源地	9	D2	数据
2	VDD	电源正极	10	D3	数据
3	VL	液晶显示偏压	11	D4	数据
4	RS	数据/命令选择	12	D5	数据
5	R/W	读/写选择	13	D6	数据
6	E	使能信号	14	D7	数据
7	D0	数据	15	BLA	背光源正极
8	D1	数据	16	BLK	背光源负极

第 1 脚：VSS 为电源地。

第 2 脚：VDD 接 5 V 正电源。

第 3 脚：VL 为液晶显示器对比度调整端，接正电源时对比度最弱，接地时对比度最高，对比度过高时会产生"鬼影"，使用时可以通过一个 10 K 的电位器调整对比度。

第 4 脚：RS 为寄存器选择，高电平时选择数据寄存器、低电平时选择指令寄存器。

第 5 脚：R/W 为读写信号线，高电平时进行读操作，低电平时进行写操作。当 RS 和 R/W 共同为低电平时可以写入指令或者显示地址，当 RS 为低电平 R/W 为高电平时可以读忙信号，当 RS 为高电平 R/W 为低电平时可以写入数据。

第 6 脚：E 端为使能端，当 E 端由高电平跳变成低电平时，液晶模块执行命令。

第 7 ~ 14 脚：D0 ~ D7 为 8 位双向数据线。

第 15 脚：背光源正极。

第 16 脚：背光源负极。

3. 控制指令

LCD 1602 液晶模块内部的控制器共有 11 条控制指令，如表 5.5 所示。

表 5.5　控制命令表

序号	指令	RS	R/W	D7	D6	D5	D4	D3	D2	D1	D0
1	清显示	0	0	0	0	0	0	0	0	0	1
2	光标返回	0	0	0	0	0	0	0	0	1	*
3	置输入模式	0	0	0	0	0	0	0	1	I/D	S
4	显示开/关控制	0	0	0	0	0	0	1	D	C	B
5	光标或字符移位	0	0	0	0	0	1	S/C	R/L	*	*
6	置功能	0	0	0	0	1	DL	N	F	*	*
7	置字符发生存储器地址	0	0	0	1	字符发生存储器地址					
8	置数据存储器地址	0	0	1	显示数据存储器地址						
9	读忙标志或地址	0	1	BF	计数器地址						
10	写数到 CGRAM 或 DDRAM)	1	0	要写的数据内容							
11	从 CGRAM 或 DDRAM 读数	1	1	读出的数据内容							

LCD1602 液晶模块的读写操作、屏幕和光标的操作都是通过指令编程来实现的（1 为高电平、0 为低电平）。

指令 1：清显示，指令码 01H，光标复位到地址 00H 位置。

指令 2：光标复位，光标返回到地址 00H。

指令 3：光标和显示模式设置 I/D——光标移动方向，高电平右移，低电平左移；S——屏幕上所有文字是否左移或者右移。高电平表示有效，低电平则无效。

指令 4：显示开关控制。D——控制整体显示的开与关，高电平表示开显示，低电平表示关显示；C——控制光标的开与关，高电平表示有光标，低电平表示无光标；B——控制光标是否闪烁，高电平闪烁，低电平不闪烁。

指令 5：光标或显示移位 S/C——高电平时移动显示的文字，低电平时移动光标。

指令 6：功能设置命令 DL——高电平时为 4 位总线，低电平时为 8 位总线；N——低电平时为单行显示，高电平时双行显示；F——低电平时显示 5x7 的点阵字符，高电平时显示 5x10 的点阵字符。

指令 7：字符发生器 RAM 地址设置。

指令 8：DDRAM 地址设置。

指令 9：读忙信号和光标地址；BF——为忙标志位，高电平表示忙，此时模块不能接收命令或者数据，如果为低电平表示不忙。

指令 10：写数据。

指令 11：读数据。

4. 读写时序

LCD1602 的读写操作时序如图 5.15 和 5.16 所示。

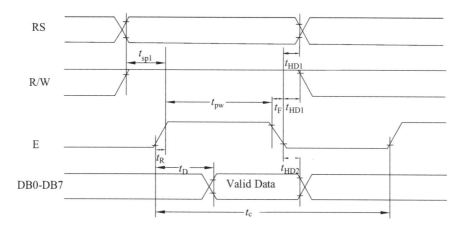

图 5.15　读操作时序

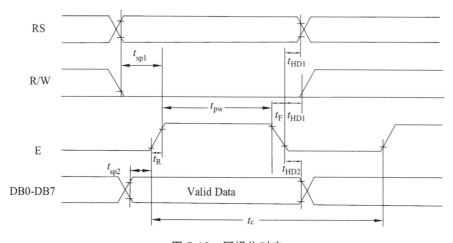

图 5.16　写操作时序

与 HD44780 相兼容的芯片时序见表 5.6。

表 5.6　时序功能表

读状态	输入	RS=L，R/W=H，E=H	输出	D0～D7=状态字
写指令	输入	RS=L，R/W=L，D0～D7=指令码，E=高脉冲	输出	无
读数据	输入	RS=H，R/W=H，E=H	输出	D0～D7=数据
写数据	输入	RS=H，R/W=L，D0—D7=数据，E=高脉冲	输出	无

5. RAM 地址映射及标准字库表

LCD1602 液晶内部自带有一个标准的字库，存储于字符发生存储器（CGROM）中，包含有 160 个不同的点阵字符图形，这些字符有阿拉伯数字、英文字母的大小写、常用的符号、和日文假名等。每一个字符都有一个固定的代码，如大写的英文字母“A”的代码是“01000001B（41H）”，当在指定位置输入字符“A”或代码“41H”时，显示时模块就会把地址 41H 中的点阵字符图形显示出来，这时就能看到字母“A”对应的效果。这些字符图形对应的代码如图 5.17 所示。

高位 / 低位	0000	0010	0011	0100	0101	0110	0111	1010	1011	1100	1101	1110	1111
××××0000	CGRAM (1)		0	@	P	\	p		ー	タ	ミ	α	p
××××0001	(2)	!	1	A	Q	a	q	ロ	ア	チ	ム	ä	q
××××0010	(3)	"	2	B	R	b	r	r	イ	川	メ	β	θ
××××0011	(4)	#	3	C	S	c	s	」	ウ	テ	モ	ε	∞
××××0100	(5)	$	4	D	T	d	t	\	エ	ト	ヤ	μ	Ω
××××0101	(6)	%	5	E	U	e	u	ロ	オ	ナ	ユ	B	0
××××0110	(7)	&	6	F	V	f	v	テ	カ	ニ	ヨ	P	Σ
××××0111	(8)	>	7	G	W	g	w	ア	キ	ヌ	ラ	g	π
××××1000	(1)	(	8	H	X	h	x	イ	ク	ネ	リ	∫	X̄
××××1001	(2)	)	9	I	Y	i	y	ウ	ケ	」	ル	-1	y
××××1010	(3)	*	:	J	Z	j	z	エ	コ	リ	レ	j	千
××××1011	(4)	+	;	K	[	k	{	オ	サ	ヒ	ロ	x	万
××××1100	(5)	フ	<	L	¥	l	|	セ	シ	フ	ワ	¢	円
××××1101	(6)	-	=	M	]	m	}	ユ	ス	ヘ	ン	ŧ	÷
××××1110	(7)	.	>	N	^	n	→	ヨ	セ	ホ	ハ	ñ	
××××1111	(8)	/	?	O	—	o	←	ツ	ソ	マ	ロ	ö	█

图 5.17　字符代码与图形对应图

图 5.18 是 LCD1602 内部显示地址关系图，只有正确指定了字符的显示位置，才能往相应的位置送入所需要显示字符对应的代码，这样才能看到正确显示结果。

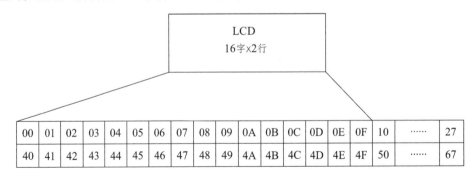

图 5.18　1602LCD 内部显示地址

从图 5.18 可以看出，LCD1602 液晶的第一行第一个字符的地址代码是"00H"，第十六个字符的地址是"0FH"，第二行第一个字符的地址是"40H"，第十六个字符的地址是"4FH"。那么是否直接写入"00H"就可以将光标定位在第一行第一个字符的位置呢？答案是否定的，这样不能正确指定相应的地址代码，因为写入显示地址时要求最高位 D7 恒定为高电平 1。以第一行第一个字符为例，实际写入的数据应该是 00000000B（00H）+10000000B（80H）=10000000B（80H）；第二行第一个字符的地址应该是 01000000B（40H）+10000000B（80H）=11000000B（C0H）。因此，在设计时应该注意字符显示地址的正确输入代码。在对液晶模块的初始化中要先设置其显示模式，在液晶模块显示字符时光标是自动右移的，无需人工干预。

5.2.2 LCD1602 字符静态显示

1. 设计思路

采用 FPGA 驱动 LCD1602 的思路，其实就是通过同步状态机模拟单片机驱动 LCD1602，由并行模拟单步执行，状态过程就是先初始化 LCD1602，然后写地址，最后写入显示数据。因为 LCD1602 是慢速器件，如果直接用 FPGA 外接的 50 MHz 时钟直接驱动肯定是不行的，所以要对 FPGA 时钟进行分频驱动，或者计数延时使能驱动，得出"lcd_clk"的驱动时钟信号。根据时序要求，一般此时钟大小为 1 kHz 即可满足需求。

FPGA 驱动 LCD1602 的初始化过程，主要是完成以下 4 条指令的配置：

（1）显示模式设置 Mode_Set：8'h38。

（2）显示开/关及光标设置 Cursor_Set：8'h0c。

（3）显示地址设置 Address_Set：8'h06。

（4）清屏设置 Clear_Set：8'h01。

初始化完成后，需要确定显示的起始地址。写入地址后，就可以写入显示字符。但需要注意 LCD1602 写入设置地址指令 8'h06 后，地址是随每写入一个数据后，默认自加一的。

2. Verilog 代码

根据 LCD1602 的时序及初始化流程，现以一个简单的静态字符显示为例，详细介绍该电路的 Verilog 代码的结构。本设计示例主要完成字符串"HYG：13880107075!"在液晶屏的第 1 行显示，如【代码 5.7】所示。

【代码 5.7】LCD1602 字符显示设计

```
1    module LCD1602 ( clk,rst,
2                     rw,
3                     rs,
4                     en,
```

```
5                        data);
6      input   clk,rst;
7      output  rs,en,rw;
8      output  [7:0]  data;
9      reg rs;
10     reg [7:0] data;
11     reg en_sel;
12     reg lcd_clk;
13     reg [3:0] i;
14     reg [7:0] next;
15     reg [15:0] count;   //LCD CLK 分频计数器
```
/* -----显示内容声明并初始化"HYG:13880107075!"-------*/
```
16     reg [7:0] text [15:0];
17     initial
18       begin
19       text[0]<=8'h48;  //H
20       text[1]<=8'h59;  //Y
21       text[2]<=8'h47;  //G
22       text[3]<=8'h3a;  //:
23       text[4]<=8'h31;  //1
24       text[5]<=8'h33;  //3
25       text[6]<=8'h38;  //8
26       text[7]<=8'h38;  //8
27       text[8]<=8'h30;  //0
28       text[9]<=8'h31;  //1
29       text[10]<=8'h30;//0
30       text[11]<=8'h37;//7
31       text[12]<=8'h30;//0
32       text[13]<=8'h37;//7
33       text[14]<=8'h35;//5
34       text[15]<=8'h21;//!
35       en_sel<=1;
36       end
```
/*----------------------- 定义状态机状态量
-------------------------*/

```
37    parameter   state0 = 6'h00,
38              state1 = 6'h01,
39              state2 = 6'h02,
40              state3 = 6'h03,
41              state4 = 6'h04,
42              state5 = 6'h05,
43              data0 = 6'h10,
```
/*-------------- 获取 LCD 驱动时钟为 1KHz--------------------*/
```
44    always @(posedge clk )
45      begin
46       if(count==25000)
47         begin
48             count<=0;
49             lcd_clk<=~lcd_clk;
50         end
51      else  count<=count+1;
52            end
```
/*---------定义状态机完成 LCD 初始化及内容显示-------------*/
```
53    always @(posedge lcd_clk or negedge rst )
54      begin
55       if(!rst)
56         begin
57             next<=state0;
58         end
59      else
60         begin
61          case(next)
62          state0 :  begin rs<=0; data<=8'h38;
63                  next<=state1; end //初始化格式：2 行，5*7
64          state1 :  begin rs<=0; data<=8'h0C;
65                  next<=state2; //初始化整体显示,关光标,不闪
66                  end         //烁：8'h0C；闪烁：8'h0e
67          state2 :  begin rs<=0; data<=8'h06; next<=state3;
68                  end //初始化设定输入方式,增量不移位 8'h06
69          state3 :  begin rs<=0; data<=8'h01; next<=state4;
```

```
70                    end              //清除显示：8'h01
71          state4 :  begin rs<=0; data<=8'h80; next<=data0;
72                    end  //设置显示起始位置，8'h80 第 1 行第 1 列
73        data0 :   begin     //控制内容送显 16 个字符
74                    rs<=1; //rs 为高，表示数据，为低表示指令
75                    i<=i+1;
76                    data<=text[i];
77                    if (i==15) next<=state4;
78                    else next<=data0;
79                    end
80      default:    next<=state0;
81        endcase
82      end
83    end
84  assign en=lcd_clk && en_sel;
85  assign rw=0;
86 endmodule
```

5.2.3　LCD1602 动态显示设计

使用 LCD1602 作为显示设备，静态显示字符或数字意义不大，没有谁会用它来固定显示几个字符，常常都需要显示一些动态变化的内容，如时间显示、计数结果显示、自动售货机的数据显示等。本节将对动态显示控制方法进行简单介绍，如【代码 5.8】实现了一个简易计时器的动态显示功能，在 LCD1602 的第一行将显示一个固定的字符串信息"HYG：13880107075!"，在第二行显示动态计时数字，显示格式为"Clock：00-00-00"。

通过该示例的介绍，让读者能理解动态显示的基本控制方法，对于其他的显示应用，就大同小异了。

【代码 5.8】LCD1602 时钟计数器设计

```
1 module LCD_clock (clk,rst, rw, rs, en, data );
2  input   clk,rst;
3  output  rs,en,rw;
4  output [7:0]  data;
5  reg     rs,en_sel;
6  reg     [7:0]  data;
7  reg     [7:0]  shi,fen,miao;
8  reg     [31:0]  count;              //LCD CLK 分频计数器
```

```
9    reg    [31:0]  count1;                    //秒计时计数器
10   reg    lcd_clk;
11   reg [7:0]line1_1,line1_2,line1_3,line1_4,line1_5,line1_6,
            line1_7,line1_8,line1_9,line1_10,line1_11,line1_12,
            line1_13,line1_14,line1_15,line1_16;
14     reg    [7:0]line2_1,line2_2,line2_3,line2_4,line2_5,
                line2_6,line2_7,line2_8,line2_9,line2_10,
                line2_11,line2_12,line2_13,line2_14,
                line2_15,line2_16;
17       reg    [7:0]  next;
18       parameter  state0 =8'h00, /设置8位格式,2行,5*7: 8'h38;
19                  state1 =8'h01,  //整体显示,关光标,不闪烁: 8'h0C;
20                  state2 =8'h02, //设定输入方式,增量不移位: 8'h06
21                  state3 =8'h03,        //清除显示: 8'h01
22                  state4 =8'h04,      //显示第一行的指令: 80H
23                  state5 =8'h05,      //显示第二行的指令: 80H+40H
24                  scan  = 8'h06;
25       parameter  data0 =8'h10,      //2行共32个数据状态
26                  data1 =8'h11,
27                  data2 =8'h12,
28                  data3 =8'h13,
29                  data4 =8'h14,
30                  data5 =8'h15,
31                  data6 =8'h16,
32                  data7 =8'h17,
33                  data8 =8'h18,
34                  data9 =8'h19,
35                  data10 =8'h20,
36                  data11 =8'h21,
37                  data12 =8'h22,
38                  data13 =8'h23,
39                  data14 =8'h24,
40                  data15 =8'h25,
41                  data16 =8'h26,
42                  data17 =8'h27,
```

```
43                  data18 =8'h28,
44                  data19 =8'h29,
45                  data20 =8'h30,
46                  data21 =8'h31,
47                  data22 =8'h32,
48                  data23 =8'h33,
49                  data24 =8'h34,
50                  data25 =8'h35,
51                  data26 =8'h36,
52                  data27 =8'h37,
53                  data28 =8'h38,
54                  data29 =8'h39,
55                  data30 =8'h40,
56                  data31 =8'h41;
57          initial
58              begin
/* --------------------初始化第 1 行显示
"HYG:13880107075!"------------------------*/
59      line1_1<="H"; line1_2<="Y"; line1_3<="G"; line1_4<=":";
60      line1_5<="1"; line1_6<="3"; line1_7<="8";line1_8<="8";
61
line1_9<="0";line1_10<="1";line1_11<="0";line1_12<="7";
62
line1_13<="0";line1_14<="7";line1_15<="5";line1_16<="!";
/* -------------------------初始化第 2 行显示 Clock:
00-00-00-------------------------*/
63      line2_1<="C"; line2_2<="l"; line2_3<="o"; line2_4<="c";
64      line2_5<="k"; line2_6<=":"; line2_7<="0";line2_8<="0";
65
line2_9<="-";line2_10<="0";line2_11<="0";line2_12<="-";
66      line2_13<="0";line2_14<="0";line2_15<=" ";line2_16<=" ";
67          shi<=0;fen<=0;miao<=0;
68              end
69          always @(posedge clk )    //获得 LCD 时钟
70              begin
```

```
71                    count<=count+1;
72                if(count==25000)
73                    begin
74                        count<=0;
75                        lcd_clk<=~lcd_clk;
76                    end
77            end
78        always @(posedge clk or negedge rst )    //时钟计数器
79            begin
80                if(!rst)
81                    begin
82                        shi<=0;fen<=0;miao<=0;
83                        count1<=0;
84                    end
85                else
86                    begin
87                        en_sel<=1;
88                        line2_7<= (shi/10)+8'b00110000;
89                        line2_8<= (shi%10)+8'b00110000;
90                        line2_10<=(fen/10)+8'b00110000;
91                        line2_11<=(fen%10)+8'b00110000;
92                        line2_13<=(miao/10)+8'b00110000;
93                        line2_14<=(miao%10)+8'b00110000;
94                        count1<=count1+1'b1;
95                        if(count1==49999999)     // 时钟计数
96                            begin
97                                count1<=0;
98                                miao<=miao+1;
99                                if(miao==59)
100                                   begin
101                                       miao<=0;
102                                       fen<=fen+1;
103                                       if(fen==59)
104                                           begin
105                                               fen<=0;
```

```
106                                              shi<=shi+1;
107                                          if(shi==23)
108                                              begin
109                                                  shi<=0;
110                                              end
111                                          end
112                                      end
113                                  end
114                          end
115                  end
116     always @(posedge lcd_clk  )
117       begin
118         case(next)
119         state0 : begin rs<=0; data<=8'h38; next<=state1; end
120         state1 : begin rs<=0; data<=8'h0e; next<=state2; end
121         state2 : begin rs<=0; data<=8'h06; next<=state3; end
122         state3 : begin rs<=0; data<=8'h01; next<=state4; end
123         state4 : begin rs<=0; data<=8'h80; next<=data0; end
124         data0 : begin rs<=1; data<=line1_1; next<=data1 ; end
125         data1 : begin rs<=1; data<=line1_2; next<=data2 ; end
126         data2 : begin rs<=1; data<=line1_3; next<=data3 ; end
127         data3 : begin rs<=1; data<=line1_4; next<=data4 ; end
128         data4 : begin rs<=1; data<=line1_5; next<=data5 ; end
129         data5 : begin rs<=1; data<=line1_6; next<=data6 ; end
130         data6 : begin rs<=1; data<=line1_7; next<=data7 ; end
131         data7 : begin rs<=1; data<=line1_8; next<=data8 ; end
132         data8 : begin rs<=1; data<=line1_9; next<=data9 ; end
133         data9 : begin rs<=1; data<=line1_10; next<=data10 ; end
134         data10 : begin rs<=1; data<=line1_11; next<=data11 ; end
135         data11 : begin rs<=1; data<=line1_12; next<=data12 ; end
136         data12 : begin rs<=1; data<=line1_13; next<=data13 ; end
137         data13 : begin rs<=1; data<=line1_14; next<=data14 ; end
138         data14 : begin rs<=1; data<=line1_15; next<=data15 ; end
139         data15 : begin rs<=1; data<=line1_16; next<=state5 ; end
140         state5: begin rs<=0;data<=8'hC0; next<=data16; end
```

```
141          data16 : begin rs<=1; data<=line2_1; next<=data17 ;end
142          data17 : begin rs<=1; data<=line2_2; next<=data18 ;end
143          data18 : begin rs<=1; data<=line2_3; next<=data19 ;end
144          data19 : begin rs<=1; data<=line2_4; next<=data20 ;end
145          data20 : begin rs<=1; data<=line2_5; next<=data21 ;end
146          data21 : begin rs<=1; data<=line2_6; next<=data22 ;end
147          data22 : begin rs<=1; data<=line2_7; next<=data23 ;end
148          data23 : begin rs<=1; data<=line2_8; next<=data24 ;end
149          data24 : begin rs<=1; data<=line2_9; next<=data25 ;end
150          data25 : begin rs<=1; data<=line2_10; next<=data26 ;end
151          data26 : begin rs<=1; data<=line2_11; next<=data27 ;end
152          data27 : begin rs<=1; data<=line2_12; next<=data28 ;end
153          data28 : begin rs<=1; data<=line2_13; next<=data29 ;end
154          data29 : begin rs<=1; data<=line2_14; next<=data30 ;end
155          data30 : begin rs<=1; data<=line2_15; next<=data31 ;end
156          data31 : begin rs<=1; data<=line2_16; next<=scan ;end
157          scan : begin next<=state4; end//交替更新第一行和第二行数据
158          default:        next<=state0;
159          endcase
160          end
161      assign en=lcd_clk && en_sel;
162      assign rw=0;
163   endmodule
```

【代码 5.8】相对于【代码 5.7】的静态显示，LCD1602 的初始化配置代码相同，主要还是 4 个功能配置，唯一不同的就是在指定的显示位置，需要送入变化的内容。代码第 59 行到 66 行，对两行内容进行了初始化；第 69 行到 77 行实现了简单的分频，从而得到了 LCD 所需要的 1 kHz 时钟信号；第 78 行到 115 行，实现了一个标准的时钟计时功能，并将时、分、秒的个位和十位分别提取赋值给了相应的显示位置变量，从而实现了相应位置的内容动态显示功能。

5.3　PS/2 接口设计

PS/2 接口作为传统的鼠标键盘接口已经被大部分人所熟知，虽然随着 USB 接口的普及，绝大多数 PC 用户均选择了 USB 接口的键盘和鼠标，但目前主流 PC 中依然保留了 PS/2 键盘鼠标的接口。由于 PS/2 接口实现简单，使用方便的特点，在许多领域如工控机等仍旧采用 PS/2 接口来完成基本的人机交互。

5.3.1　PS/2 接口概述

在绝大多数的台式 PC 机的主板上，都有如图 5.19 所示的接口，主要用于连接鼠标和键盘，这种接口就是 PS/2 接口。

PS/2 是在 1987 年由 IBM 推出一种键盘接口标准，该接口标准采用六脚 mini-DIN 连接器和双向串行通信协议，其引脚含义见表 5.7。

图 5.19　PS/2 接口外观

表 5.7　PS/2 引脚功能

Male 公的	Female 母的	引脚号	功能
		1—Data	1—数据
		2—Not Implemented	2—未使用，保留
		3—Ground	3—电源接地
		4—+5 V	4—电源+5 V
（Plug）插头	（Socket）插座	5—Clock	5—时钟

从表 5.7 可以看出，在这些管脚中，只有 4 个脚有意义，它们分别是 Clock（时钟脚）、Data（数据脚）、+5 V（电源脚）和 Ground（电源地）。对于键盘等 PS/2 设备，主要靠 PC 的 PS/2 端口提供+5 V 电源，另外两个脚 Clock（时钟脚）和 Data（数据脚）都是集电极开路的，所以必须接大阻值的上拉电阻。它们平时保持高电平，有输出时才被拉到低电平，之后自动上浮到高电平，其典型的硬件电路结构如图 5.20 所示。

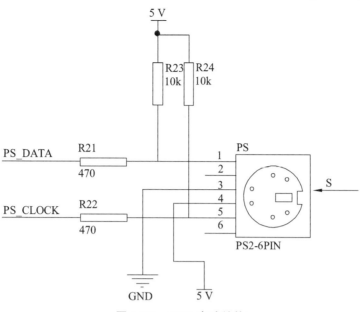

图 5.20　PS/2 电路结构

5.3.2　PS/2 协议

　　PS/2 通信协议是一种双向同步串行通信协议。通信的两端通过 Clock（时钟脚）同步，并通过 Data（数据脚）交换数据。任何一方如果想抑制另外一方通信时，只需要把 Clock（时钟脚）拉到低电平。如果是 PC 机和 PS/2 键盘间的通信，则 PC 机必须做主机，也就是说，PC 机可以抑制 PS/2 键盘发送数据，而 PS/2 键盘则不会抑制 PC 机发送数据。一般两设备间传输数据的最大时钟频率是 33 kHz，大多数 PS/2 设备工作在 10～20 kHz。推荐值在 15 kHz 左右，也就是说，Clock（时钟脚）高、低电平的持续时间都为 40 μs。每一数据帧包含 11～12 个位，具体含义见表 5.8。

表 5.8　数据帧格式

1 个起始位	总是逻辑 0
8 个数据位	（LSB）低位在前
1 个奇偶校验位	奇校验
1 个停止位	总是逻辑 1
1 个应答位	仅用在主机对设备的通讯中

　　表 5.8 中，如果数据位中 1 的个数为偶数，校验位就为 1；如果数据位中 1 的个数为奇数，校验位就为 0；总之，数据位中 1 的个数加上校验位中 1 的个数总为奇数，因此总进行奇校验。PS/2 设备到 PC 机的通信时序如图 5.21 所示。

　　PS/2 设备的 Clock（时钟脚）和 Data 数据脚都是集电极开路的，平时都是高电平。当 PS/2 设备等待发送数据时，它首先检查 Clock（时钟脚）以确认其是否为高电平。如果是低电平，则认为是 PC 机抑制了通信，此时它必须缓冲需要发送的数据直到重新获得总线的控制权（一般 PS/2 键盘有 16 个字节的缓冲区，而 PS/2 鼠标只有一个缓冲区仅存储最后一个要发送的数据）。如果 Clock（时钟脚）为高电平，PS/2 设备便开始将数据发送到 PC 机。一般都是由 PS/2 设备产生时钟信号。发送时一般都是按照数据帧格式顺序发送。其中数据位在 Clock（时钟脚）为高电平时准备好，在 Clock（时钟脚）的下降沿被 PC 机读入。

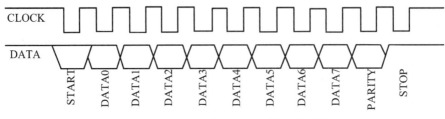

图 5.21　PS/2 设备到 PC 机的通信时序

5.3.3　PS/2 键盘解码设计

1. 键盘编码结构

普通计算机采用的都是"编码键盘"，"编码键盘"的"编码方式"又分为"第一套""第二套"和"第三套"。现在 PC 机使用的 PS/2 键盘都默认采用第二套扫描码集。扫描码有两种不同的类型：通码（make code）和断码（break code）。当一个键被按下或持续按住时，键盘的处理器会将该键的通码发送给主机；而当一个键被释放时，键盘会将该键的断码发送给主机。说得简单一点，"通码"是某按键的"按下事件"，"断码"是某按键的"释放事件"。每个按键被分配了唯一的"通码"和"断码"，如图 5.22 所示。

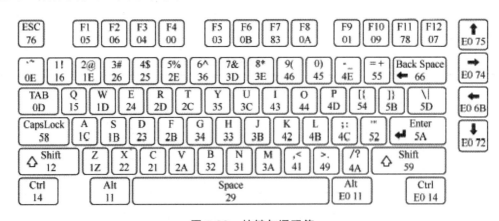

图 5.22　按键与通码值

根据键盘按键扫描码的不同，在此可将按键分为如下几类：

第一类按键，通码为 1 字节，断码为 0xF0+通码形式。如"A"键，其通码为 0x1C，断码为 0xF0 0x1C。

第二类按键,通码为 2 字节 0xE0+0xXX 形式,断码为 0xE0+0xF0+0xXX 形式。如"right CTRL"键,其通码为 0xE0 0x14,断码为 0xE0 0xF0 0x14。

第三类特殊按键有两个,"print screen"键通码为 0xE0 0x12 0xE0 0x7C,断码为 0xE0 0xF0 0x7C 0xE0 0xF0 0x12;"pause"键通码为 0x E1 0x14 0x77 0xE1 0xF0 0x14 0xF0 0x77,断码为空。

组合按键的扫描码发送按照按键发生的次序,如以下面顺序按"左 SHIFT+A"键:(1)按下"左 SHIFT"键,(2)按下"A"键,(3)释放"A"键,(4)释放"左 SHIFT"键,那么计算机上接收到的一串数据为 0x12 0x1C 0xF0 0x1C 0xF0 0x12。

2. PS/2 协议 Verilog 设计实现

根据 PS/2 协议的数据通信协议,在 PS/2 时钟下降沿时,进行数据的串行传输。因此,要实现 PS/2 的数据通信,可以采用状态机设计方法,实现模拟顺序执行操作功能,完成串行数据传输,如【代码 5.9】所示。

【代码 5.9】PS/2 键盘扫描设计

```
1      module ps2_keyboard_scan(
2                          CLK,RSTn,ps2_clk,ps2_data,
3                          scan_code,key_done_sig);
4          input   CLK, RSTn;
5          input   ps2_clk;              //ps2 接口时钟
6          input   ps2_data;             //ps2 数据信号
7          output  key_done_sig;         //按键一次标志信号
8          output  [7:0]  scan_code;     //按键扫描通码输出


/**********************************************************/
9          wire  neg_ps2_clk;            //PS2 时钟下降沿信号
10         reg   ps2_clk_r1,ps2_clk_r2;  //PS2 时钟状态寄存器
/* ---------------------------检测 PS2 时钟下降沿-------------*/
11         always@(posedge CLK or negedge RSTn)
12           begin
13             if(!RSTn)
14               begin
15                 ps2_clk_r1<=1'b1;
16                 ps2_clk_r2<=1'b1;
17               end
18             else
```

```
19                    begin
20                        ps2_clk_r1<=ps2_clk;
21                        ps2_clk_r2<=ps2_clk_r1;
22                    end
23              end
24          assign neg_ps2_clk=ps2_clk_r2 & !ps2_clk_r1;
```
/* --------------采用状态机模拟顺序执行，完成 PS2 协议---------*/
```
25          reg   [7:0]  data_reg;                    //锁存扫描码寄存器
26          reg   [7:0]  data;                        //接收扫描码寄存器
27          reg   [3:0]  i;                           //PS2 时钟下降沿计数器
28          always @(posedge CLK or negedge RSTn)
29              begin
30                  if(!RSTn)
31                      begin
32                          data<=8'b0;
33                          i<=4'b0;
34                      end
35                  else if (neg_ps2_clk)
36                      begin
37                      case(i)
38          4'd0:  i<=i+1'b1;
39          4'd1:  begin i<=i+1'b1; data[0]<=ps2_data; end
40          4'd2:  begin i<=i+1'b1; data[1]<=ps2_data; end
41          4'd3:  begin i<=i+1'b1; data[2]<=ps2_data; end
42          4'd4:  begin i<=i+1'b1; data[3]<=ps2_data; end
43          4'd5:  begin i<=i+1'b1; data[4]<=ps2_data; end
44          4'd6:  begin i<=i+1'b1; data[5]<=ps2_data; end
45          4'd7:  begin i<=i+1'b1; data[6]<=ps2_data; end
46          4'd8:  begin i<=i+1'b1; data[7]<=ps2_data; end
47          4'd9:  i<=i+1'b1;
48          4'd10: i<=1'b0;                        //一帧数据传输完毕
49                      endcase
50                      end
51              end
```
/* ----------------------处理并锁存接收到的扫描码-----------*/

```
52          reg  key_done;
53          reg  key_up;
54          always @(posedge CLK or negedge RSTn)
55            begin
56                if(!RSTn)
57                    begin
58                        key_up<=1'b0;
59                        key_done<=1'b0;
60                    end
61              else if(i==4'd10 && neg_ps2_clk) //一帧数据传输完毕时
62                    begin
63                    if (data==8'hf0)  key_up<=1'b1; //f0 表示断码标志
64                        else  begin
65                            if (!key_up)  begin
66                                key_done<=1'b1;
67                                data_reg<=data;
68                            end
69                        else begin
70                            key_done<=1'b0;
71                            key_up<=1'b0;
72                            end
73                        end
74                    end
75          end
/***********************************************************/
76      assign scan_code =data_reg;
77      assign key_done_sig=key_done;
78    endmodule
```

【代码 5.9】主要由三部分构成。第一部分是从代码第 11 行到 24 行，采用电平检测方法，实现了对 PS/2 时钟下降沿的捕获，即构建了 "neg_ps2_clk" 信号；第二部分是从第 37 行到 49 行，采用状态机完成了 PS/2 数据传输协议，并完成 PS/2 传送数据的正确接收；第三部分是从第 54 行到 74 行，实现了对键盘通码或断码的识别，将第二部分收到的数据进行了锁存，并完成了按键一次的标志信号的输出。

该示例代码最终可以提供按键扫描码通码的数据输出，即当有某个按键按下时，通过 "scan_code" 端口能输出相应按键的通码，为后续按键功能定义电路设计奠定了基础。

例如，如果键盘字母"A"按下时，"scan_code"端口的值将输出为"1C"，通过该值便可以定义字母"A"键的任何功能。

3. PS/2 键盘按键功能应用示例

通过【代码 5.9】的时序功能电路设计，能得到任意按键的键值通码，该通码也是区分不同按键的重要参数指标。在实际的应用中，一般不是只要求能识别到某个键被按下，而更为重要的是定义该键的功能，这样才变得有实用价值。例如，可以自己定义键盘任意键的功能，可以让字母"A"键实现对流水灯的状态控制，也可以定义该键按下时输出字母 A 的 ASCII 码等功能，还可以定义为其他功能。【代码 5.10】为将键盘字母按键定义为对应的 ASCII 码输出，这样便实现了键盘对 PC 机作为输入设备同样的功能，即可以在 FPGA 系统中像在 PC 机中键盘的使用一样。

【代码 5.10】PS/2 键盘字母 ASCII 码输出设计

```verilog
1 module ps2_keyboard_ascii(
2                  CLK,RSTn,scan_code,ps2_ascii);
3        input   CLK;
4        input   RSTn;
5        input   [7:0]  scan_code;
6       output   [7:0]  ps2_ascii;
7        reg     [7:0]  ps2_ascii;
8        always@(posedge CLK or negedge RSTn)
9           begin
10              if(!RSTn)
11                 begin
12                    ps2_ascii<=8'b0;
13                 end
14              else
/* ------键值转换为ASCII码，这里做的比较简单，只处理字母--------*/
15                 case (scan_code)
16                    8'h15: ps2_ascii <= 8'h51;   //Q
17                    8'h1d: ps2_ascii <= 8'h57;   //W
18                    8'h24: ps2_ascii <= 8'h45;   //E
19                    8'h2d: ps2_ascii <= 8'h52;   //R
20                    8'h2c: ps2_ascii <= 8'h54;   //T
21                    8'h35: ps2_ascii <= 8'h59;   //Y
22                    8'h3c: ps2_ascii <= 8'h55;   //U
```

```
23              8'h43: ps2_ascii <= 8'h49;    //I
24              8'h44: ps2_ascii <= 8'h4f;    //O
25              8'h4d: ps2_ascii <= 8'h50;    //P
26              8'h1c: ps2_ascii <= 8'h41;    //A
27              8'h1b: ps2_ascii <= 8'h53;    //S
28              8'h23: ps2_ascii <= 8'h44;    //D
29              8'h2b: ps2_ascii <= 8'h46;    //F
30              8'h34: ps2_ascii <= 8'h47;    //G
31              8'h33: ps2_ascii <= 8'h48;    //H
32              8'h3b: ps2_ascii <= 8'h4a;    //J
33              8'h42: ps2_ascii <= 8'h4b;    //K
34              8'h4b: ps2_ascii <= 8'h4c;    //L
35              8'h1a: ps2_ascii <= 8'h5a;    //Z
36              8'h22: ps2_ascii <= 8'h58;    //X
37              8'h21: ps2_ascii <= 8'h43;    //C
38              8'h2a: ps2_ascii <= 8'h56;    //V
39              8'h32: ps2_ascii <= 8'h42;    //B
40              8'h31: ps2_ascii <= 8'h4e;    //N
41              8'h3a: ps2_ascii <= 8'h4d;    //M
42              default:  ;
43           endcase
44        end
45     endmodule
```

【代码 5.10】完成了对键盘的字母键的 ASCII 码定义输出，这样就可以将键盘当作普通键盘使用，按下某个字母键时，就能在字符显示设备中对应输出相应的字母符号。除此以外，还可以将键定义为其他功能，如【代码 5.11】实现了字母"A"键控制变量"led"右移，字母"S"键控制变量"led"左移。

【代码 5.11】自定义按键功能

```
1     reg  [7:0]  led;
2     always @(posedge CLK or negedge RSTn)
3        begin
4           case(scan_code)
5              8'h1c: led<={led[6:0],led[7]}; //字母 A 控制实现右移
6              8'h1b: led<={led[0],led[7:1]}; //字母 S 控制实现左移
```

```
7                    default:  ;
8               endcase
9          end
```

参考【代码 5.10】和【代码 5.11】，不难发现，对按键的功能定义，都是通过一个简单的 CASE 语句，对扫描通码进行相应定义实现。因此，任何按键，要实现任何功能，只需要参考【代码 5.11】根据系统设计需要，自己进行定义即可。

5.3.4　PS/2 鼠标设计

1. PS/2 鼠标接口简介

PS/2 接口鼠标采用一种双向同步串行协议，换句话说，每在时钟线上发一个脉冲，就在数据线上发送一位数据。鼠标可以发送数据到主机，而主机也可以发送数据到设备，但主机总是在总线上有优先权，它可以在任何时候抑制来自鼠标的通信，只要把时钟拉低即可。

常见鼠标支持输入 X（左右）位移、Y（上下）位移、左键、中键和右键鼠标等功能。标准的鼠标有两个计数器，保持位移的跟踪，X 位移计数器和 Y 位移计数器。可存放 9 位二进制补码，并且每个计数器都有相关的溢出标志，它们的内容连同 3 个鼠标按钮的状态一起以 3 字节移动数据包的形式发送给主机。位移计数器表示从最后一次位移数据包被送往主机后，有位移量发生。

当鼠标读取它的输入的时候，它记录按键的当前状态，然后检查位移，如果发生位移它就增加（对正位移）或减少（对负位移）X 和/或 Y 位移计数器的值。如果有一个计数器溢出了就设置相应的溢出标志。

2. PS/2 鼠标的工作模式和协议数据包格式

PS/2 鼠标有 4 种工作模式：Reset 模式，当鼠标上电或主机发复位命令 0xFF 给它时，进入这种模式；Stream 模式鼠标的默认模式，当鼠标上电或复位完成后，自动进入此模式，鼠标基本上以此模式工作；Remote 模式，只有在主机发送了模式设置命令 0xF0 后，鼠标才进入这种模式；Wrap 模式，这种模式只用于测试鼠标与主机连接是否正确。

PS/2 鼠标在工作过程中，会及时把它的状态数据发送给主机，发送的数据包格式见表 5.9。

表 5.9　3 字节数据包格式

	D7	D6	D5	D4	D3	D2	D1	D0
Byte1	Y overflow	X overflow	Y sign bit	X sign bit	Always1	Middle Btn	Right Btn	Left Btn
Byte2	X Movement							
Byte3	Y Movement							
Byte4	Z Movement							

在表 5.9 中，Byte1 中的 Bit0、Bit1、Bit2 分别表示左、右、中键的状态，状态值 0 表示释放，1 表示按下。Byte2 和 Byte3 分别表示 X 轴和 Y 轴方向的移动计量值，是二进制补码值。Byte4 的低 4 位表示滚轮的移动计量值，也是二进制补码值，高 4 位作为扩展符号位。这种数据包由带滚轮的三键三维鼠标产生。若是不带滚轮的三键鼠标，产生的数据包除没有 Byte4 外其余的相同。

3. PS/2 鼠标到主机的通信

从鼠标发送到主机的数据在时钟信号的下降沿（当时钟从高变到低的时候）被读取，其数据通信协议满足 PS/2 协议，其时序如图 5.23 所示。

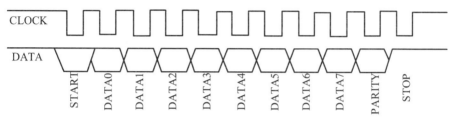

图 5.23 S/2 设备到主机的通信时序

从 PS/2 鼠标向主机发送一个字节可按照下面的步骤进行：

（1）检测时钟线电平，如果时钟线为低，则延时 50 μs。

（2）检测判断时钟信号是否为高，为高，则向下执行，为低，则转到（1）。

（3）检测数据线是否为高，如果为高则继续执行，如果为低，则放弃发送（此时主机在向 PS/2 设备发送数据，所以 PS/2 设备要转移到接收程序处接收数据）。

（4）延时 20 μs（如果此时正在发送起始位，则应延时 40 μs）。

（5）输出起始位（0）到数据线上。这里要注意的是在送出每一位后都要检测时钟线，以确保 PC 机没有抑制 PS/2 设备，如果有则中止发送。

（6）输出 8 个数据位到数据线上。

（7）输出校验位。

（8）输出停止位（1）。

（9）延时 30 μs（如果在发送停止位时释放时钟信号则应延时 50 μs）。

根据该时序，可以采用 Verilog 设计实现 PS/2 到主机的数据传输，如【代码 5.12】所示。

【代码 5.12】PS/2 鼠标接收模块设计

```
1    module ps2_rx ( CLOCK, RESET, PS2_DAT_in, PS2_CLK_in,
2                rx_en,rx_done_sig, data_rx);
3        input  CLOCK, RESET;
4        input  PS2_DAT_in;                    //ps2_data
5        input  PS2_CLK_in;                    //ps2_clk
```

```
6          input   rx_en;
7          output  rx_done_sig;
8          output  [7:0] data_rx;
9          reg     rx_done_sig;
/************* ps2_clk 下降沿检测***************/
10         reg H2L_F1;
11         reg H2L_F2;
12         always @ ( posedge CLOCK or negedge RESET )
13            if( !RESET )
14               begin
15                   H2L_F1 <= 1'b1;
16                   H2L_F2 <= 1'b1;
17               end
18            else
19               begin
20                   H2L_F1 <= PS2_CLK_in;
21                   H2L_F2 <= H2L_F1;
22               end
/*********************************************************/
23         assign fall_edge = H2L_F2 & !H2L_F1;
/*********************************************************/
24         reg  [3:0] i, j;
25         reg  [8:0] rData;
26         always @ ( posedge CLOCK or negedge RESET )
27            if( !RESET )
28               begin
29                   i <= 4'd0;
30                   j <= 4'd0;
31                   rData <= 8'd0;
32                   rx_done_sig <= 1'b0;
33               end
34            else
35               case( i )
36               0: if (fall_edge & rx_en ) i<=i+1'b1;
37               1: if(j==9) begin i<=i+1'b1;j<=0; end
```

```
38                     else begin
39                         if (fall_edge) begin
40                             rData[j]<=PS2_DAT_in ;j<=j+1'b1;
41                         end         //1-8 bit-data and 9bit-parity
42                     end
43             2:  if (fall_edge) i<=i+1'b1;    //10 bit-stop
44           3: begin  rx_done_sig <= 1'b1; i <= i + 1'b1; end
45           4: begin  rx_done_sig <= 1'b0; i <= 4'd0;  end
46              endcase
47         assign data_rx = rData[7:0];
48     endmodule
```

4. 主机到 PS/2 鼠标的通信

首先，PS/2 设备总是产生时钟信号。如果主机要发送数据，它必须首先把时钟和数据线设置为"请求发送"状态，即通过下拉时钟线至少 100 μs 来抑制通信；通过下拉数据线来应用"请求发送"，然后释放时钟。

PS/2 设备应该在不超过 10 ms 的间隔内就要检查这个状态。当设备检测到这个状态，它将开始产生标记下的 8 个数据位和 1 个停止位的时钟脉冲。主机仅当时钟线为低的时候改变数据线，而数据在时钟脉冲的上升沿被锁存。这与发生在设备到主机的通信过程中正好相反。

在停止位发送后，设备要应答接收到的字节，就把数据线拉低并产生最后 1 个时钟脉冲。如果主机在第 11 个时钟脉冲后不释放数据线，设备将继续产生时钟脉冲，直到数据线被释放（然后设备将产生一个错误）。

主机可以在第 11 个时钟脉冲(应答位)前中止一次传送,只要下拉时钟线至少 100 μs。

要使得这个过程易于理解，主机必须按下面的步骤发送数据到 PS/2 设备：

（1）把 Clock 线拉低至少 100 μs。

（2）把 Data 线拉低。

（3）释放 Clock 线。

（4）等待 PS/2 设备把 Clock 线拉低。

（5）设置/复位 Data 线发送第一个数据位。

（6）等待 PS/2 设备把时钟拉高。

（7）等待 PS/2 设备把时钟拉低。

（8）重复（5）～（7）步发送剩下的 7 个数据位和校验位。

（9）释放 Data 线，即发送停止位（1）。

（10）等待 PS/2 设备把 Clock 线拉高（此步可省略，因为下一步 PS/2 设备还是会把

Data 线拉低的)。

（11）等待 PS/2 设备把 Data 线拉低。

（12）等待 PS/2 设备把 Clock 线拉低。

（13）等待 PS/2 设备释放 Clock 线和 Data 线。

图 5.24 是单独的时序图，表示了由主机产生的信号及由 PS/2 设备产生的信号。注意应答位时序的改变—数据改变发生在 Clock 线为高的时候(不同于其他 11 位是 Clock 线为低的时候)。

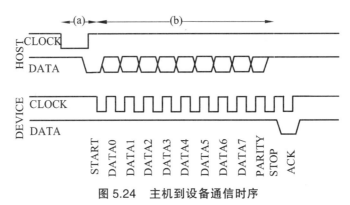

图 5.24　主机到设备通信时序

图 5.24 描述了两个重要的定时条件：（a）和（b）。（a）从主机最初把 Clock 线拉低，到 PS/2 设备开始产生时钟脉冲（即 Clock 线被 PS/2 设备拉低），这段时间间隔必须不大于 15 ms。（b）发送数据包（8 位数据位和校验位）总时间必须不大于 2 ms。如果这两个条件不满足，主机将产生一个错误。在数据包收到后，主机为了处理数据应立刻把时钟线拉低来抑制通信。如果主机发送的命令要求有一个应答，这个应答必须在主机释放 Clock 线后 20 ms 之内被收到；如果没有收到，则主机产生一个错误。在设备到主机通信的情况中，时钟改变后的 5 µs 内不应该发生数据改变的情况。

【代码 5.13】实现了主机向 PS/2 设备发送数据功能。

【代码 5.13】PS/2 鼠标发送模块设计

```
1    module ps2_tx (CLOCK, RESET,
2                   send_en,data_send,PS2_DAT,
3                   PS2_CLK,tx_done_sig);
4          input  CLOCK, RESET;
5          input  send_en;
6          input  [7:0]  data_send;
7          inout  PS2_DAT, PS2_CLK;//注意时钟和数据线设置为双向端口
8        output  tx_done_sig;
9           reg  tx_done_sig;
/********************************************************/
```

```
10          reg  H2L_F1;
11          reg  H2L_F2;
12          always @ ( posedge CLOCK or negedge RESET )
13              if( !RESET )
14                  begin
15                      H2L_F1 <= 1'b1;
16                      H2L_F2 <= 1'b1;
17                  end
18              else
19                  begin
20                      H2L_F1 <= PS2_CLK;
21                      H2L_F2 <= H2L_F1;
22                  end
/****************************************************************/
23          assign fall_edge = H2L_F2 & !H2L_F1;
/********** state declaration ***************/
24          parameter [2:0] idle = 3'b000,
25                          rts = 3'b001,
26                          start = 3'b010,
27                          end_data = 3'b011,
28                          stop = 3'b100;
29          reg [2:0] state_reg;
30          reg [3:0] i;
31          reg [8:0] sdata;
32          reg [12:0]count;
33          reg PS2_CLK_out, PS2_DAT_out;
34          reg tri_c, tri_d;
35          wire odd_par;
```

// odd parity bit 奇校验位 (归约异或^)如果操作数（data_send）中有偶数个1，那么^d_sen结果为0;
/***否则结果为1 ,再取反即为奇校验位应设置的值***/

```
36          assign odd_par = ~(^data_send);
37          always @(posedge CLOCK)
38              if (!RESET)
39                  begin
```

```
40                          state_reg <= idle;
41                          count <= 0;
42                          sdata <= 0;
43                          i <= 0;
44                          PS2_CLK_out <= 1'b1;
45                          PS2_DAT_out <= 1'b1;
46                          tx_done_sig <= 1'b0;
47                          tri_c <= 1'b0;
48                          tri_d <= 1'b0;
49                      end
50                  else
51                      begin
52                          tx_done_sig<= 1'b0;
53                          tri_c <= 1'b0;
54                          tri_d <= 1'b0;
55                          PS2_CLK_out <= 1'b1;
56                          PS2_DAT_out <= 1'b1;
57                          case (state_reg)
58                              idle: begin
59                                  if (send_en)
60                                      begin
61                                        sdata <= {odd_par, data_send};
62                                  count <= 13'd4000;  // delay 200us
63                                          state_reg <= rts;
64                                      end
65                                  end
66                      rts:if (count==0)state_reg <= start;//请求发送
67                          else  begin
68                              PS2_CLK_out <= 1'b0;
69                              count <= count-1'b1;tri_c <= 1'b1;
70                                  end
71                          start:  begin
72                                  PS2_DAT_out <= 1'b0;
73                                  tri_d <= 1'b1;
74                                  if (fall_edge)
```

```
75                              begin
76                                 i <= 4'h0;
77                                 state_reg <= send_data;
78                              end
79                        end
80         send_data: if(i==9)  state_reg <= stop;
81                           // 8bits data + 1bit parity
82                    else begin
83                              PS2_DAT_out<=sdata[i];
84                              tri_d <= 1'b1;
85                              if(fall_edge)
86                                 begin
87                                    i<=i+1'b1;
88                                 end
89                              else state_reg <=state_reg;
90                       end
91            stop:
92                    if (fall_edge)
93                       begin
94                          state_reg <= idle;
95                          tx_done_sig<= 1'b1;
96                       end
97              endcase
98          end
99   /* inout 在具体实现上一般用三态门来实现。三态门的第三个状态就是高阻
'Z'。当 inout 端口不输出时，将三态门置高阻。*/
100           assign PS2_CLK = (tri_c) ? PS2_CLK_out : 1'bz;
101           assign PS2_DAT = (tri_d) ? PS2_DAT_out : 1'bz;
102       endmodule
```

PS/2 控制器必须进入主机发送请的状态。这可以通过以下动作实现：

（1）PS2_CLK 线首先被拉低至少在一个时钟周期（进入禁止传输 Inhibit Transmission 状态）。

（2）PS2_DATA 线随后被拉低（提供的起始位帧传送）。

（3）PS2CLK 线随后被释放（仍然保持 PS2DATA 低）。

（4）PS/2 设备定期检查数据和时钟线是否为这种状态，当检测到，鼠标开始产生

"PS2_CLK"信号,以便主机发送数据。

5. PS/2 鼠标双向通信模块设计

在完成了【代码 5.12】和【代码 5.13】的接收和发送模块设计后,为了方便实现 PS/2 鼠标的灵活应用,往往还需要设计一个双向的通信模块,该模块其实就是上述两个模块的组合调用而已,如【代码 5.14】所示。

【代码 5.14】PS/2 双向通信模块设计

```
1        module ps2_rxtx  ( CLOCK, RESET,send_en,
2                        rxen,PS2_DAT, PS2_CLK,
3                     data_send, data_rx,rx_done_sig, tx_done_sig
4                        );
5          input  CLOCK, RESET;
6          input  send_en;
7          input  rxen;
8          inout  PS2_DAT, PS2_CLK; //注意时钟和数据线设置为双向端口
9          input  [7:0] data_send;
10        output  rx_done_sig, tx_done_sig;
11        output  [7:0] data_rx;
/***********************例化接收模块**********************/
12        ps2_rx  ps2_rx_unit ( .CLOCK(CLOCK),
13                        .RESET(RESET),
14                        .rx_en(rxen),
15                        .PS2_DAT_in(PS2_DAT),
16                        .PS2_CLK_in(PS2_CLK),
17                        .rx_done_sig(rx_done_sig),
18                        .data_rx(data_rx));
/***********************例化发送模块*********************/
19        ps2_tx  ps2_tx_unit ( .CLOCK(CLOCK),
20                        .RESET(RESET),
21                        .send_en(send_en),
22                        .data_send(data_send),
23                        .PS2_DAT(PS2_DAT),
24                        .PS2_CLK(PS2_CLK),
25                        .tx_done_sig(tx_done_sig));
26 endmodule
```

6. PS/2 鼠标接口电路模块设计

根据 PS/2 鼠标的通信协议，在分别完成了发送和接收模块时序控制电路设计后，对于 PS/2 鼠标的典型接口电路设计如【代码 5.15】所示。

【代码 5.15】PS/2 鼠标接口电路模块设计

```
1   module mouse(CLOCK, RESET,
2                PS2_DAT, PS2_CLK, x_pos, y_pos,
3                button, done_sig, rxen,send_en_sig);
4       input  CLOCK, RESET;
5       inout  PS2_DAT, PS2_CLK;
6      output  [8:0] x_pos, y_pos;
7      output  [2:0] button;
8      output  done_sig;
9      output  rxen;
10     output  send_en_sig;
11        reg  done_sig;
/***********************************************************/
12        parameter  STRM=8'hf4;          // stream command F4
13        parameter [2:0]  init1 = 3'b000,
14                         init2 = 3'b001,
15                         init3 = 3'b010,
16                         pack1 = 3'b011,
17                         pack2 = 3'b100,
18                         pack3 = 3'b101,
19                          done = 3'b110;
20       reg   [2:0]  state_reg, state_next;
21       wire  [7:0]  rx_data;
22       reg   send_en;
23       reg   rx_en;
24       wire  rx_done_sig, tx_done_sig;
25       reg   [8:0]  x_reg, y_reg;
26       reg   [2:0]  butn_reg;
/***********************************************************/
27       ps2_rxtx ps2_unit ( .CLOCK(CLOCK),
28                          .RESET(RESET),
29                          .send_en(send_en_sig),
```

```
30                        .rxen(rxen),
31                        .data_send(STRM),
32                        .data_rx(rx_data),
33                        .PS2_DAT(PS2_DAT),
34                        .PS2_CLK(PS2_CLK),
35                        .rx_done_sig(rx_done_sig),
36                        .tx_done_sig(tx_done_sig));
/***********************************************************/
37        always @(posedge CLOCK)
38            if (!RESET)
39                begin
40                    state_reg <= init1;
41                    x_reg <= 0;
42                    y_reg <= 0;
43                    butn_reg <= 0;
44                    rx_en<=1'b0;
45                    send_en <= 1'b0;
46                    done_sig <= 1'b0;
47                end
48            else
49                begin
50                    send_en <= 1'b0;
51                    done_sig <= 1'b0;
52            case (state_reg)
53            init1:  begin
54                    send_en <= 1'b1;
55                    state_reg <= init2;
56                        end
57            init2: if (tx_done_sig)//wait for send to complete
58                    begin
59                        state_reg <= init3;
60                        rx_en<=1'b1;
61                        end
62            init3: if (rx_done_sig)//wait for acknowledge packet
63                    state_reg <= pack1;
```

```
64        pack1: if (rx_done_sig)//wait for 1st data packet
65             begin
66                 state_reg <= pack2;
67                 y_reg[8] <= rx_data[5];   //坐标值的符号
68                 x_reg[8] <= rx_data[4];
69                 butn_reg <= rx_data[2:0]; //中 右  左
70             end
71        pack2: if (rx_done_sig)//wait for 2nd data packet
72             begin
73                 state_reg <= pack3;
74                 x_reg[7:0] <= rx_data;
75             end
76        pack3: if (rx_done_sig)//wait for 3rd data packet
77             begin
78                 state_reg <= done;
79                 y_reg[7:0] <= rx_data;
80             end
81        done: begin
82                 done_sig <= 1'b1;
83                 state_reg <= pack1;
84             end
85     endcase
86   end
/*****************************************************/
87     assign x_pos = x_reg;
88     assign y_pos = y_reg;
89     assign button = butn_reg;
90     assign send_en_sig = send_en;
91     assign rxen = rx_en;
92   endmodule
```

在【代码 5.15】中，第 12 行定义了 0xF4 使能数据报告并复位命令，鼠标用"应答"（0xFA）回应命令；标准的鼠标有两个计数器保持位移的跟踪：X 位移计数器和 Y 位移计数器。可存放 9 位的二进制补码，并且每个计数器都有相关的溢出标志。它们的内容连同 3 个鼠标按钮的状态一起以 3 字节移动数据包的形式发送给主机。位移计数器表示从最后一次位移数据包被送往主机后有位移量发生。位移计数器是一个 9 位 2 的补码整数。它的最高位作为符号位出现在位移数据包的第一个字节里。

7. PS/2 鼠标应用示例

在完成了标准 PS/2 鼠标接口电路设计后，就能对处于工作状态的鼠标加以应用，通过读取相应数据，进而判断鼠标是否有键按下，是否发生位移的情况，以在实际的项目应用中，轻松实现鼠标控制功能。

本示例是根据上述鼠标各个功能单元模块，完成的一个简单测试代码设计，主要功能是通过鼠标的按键来控制实验开发平台上的 LED 发光二极管的亮灭状态，进而验证 PS/2 鼠标控制电路设计的正确性，如【代码 5.16】所示。

【代码 5.16】PS/2 鼠标控制 LED 测试设计

```
1        module  mouse_ledtest ( CLOCK, RESET,
2                               PS2_DAT, PS2_CLK,
3                               LED);
4          input  CLOCK, RESET;
5          inout  PS2_DAT, PS2_CLK;
6          output  [7:0] LED;
/**********************************************************/
7           reg  [7:0] LED;
8           reg  [9:0] p_reg;
9          wire  [2:0] button;
10         wire  [8:0] x;
11         wire  done_sig;
/********************例化鼠标接口电路********************/
12         mouse  mouse_unit ( .CLOCK(CLOCK),
13                            .RESET(RESET),
14                            .PS2_DAT(PS2_DAT),
15                            .PS2_CLK(PS2_CLK),
16                            .x_pos(x),
17                            .y_pos(),
18                            .button(button),
19                            .done_sig(done_sig));
/**********************************************************/
20         always @(posedge CLOCK)
21            if (!RESET)  p_reg <= 0;
22            else
```

```
23              begin
24                  if(done_sig)
25                      begin
26                          if  (button)  p_reg<= {7'b0,button};
27                           else p_reg <= {1'b0,x} ;
28                      end
29                  case (p_reg[2:0])
30                      3'b000: LED = 8'b00011000;
31                      3'b001: LED = 8'b00000011;
32                      3'b010: LED = 8'b11000000;
33                      3'b011: LED = 8'b11111111;
34                      3'b100: LED = 8'b00111111;
35                      3'b101: LED = 8'b11110000;
36                      3'b110: LED = 8'b00001111;
37                      default: LED = 8'b01010101;
38                  endcase
39              end
40      endmodule
```

5.4 UART 串口设计

对于串行通信方式，主要包含异步和同步两种。本项目主要介绍异步串行通信的
Verilog 设计实现方法。

5.4.1 UART 概述

1. UART 介绍

UART（Universal Asynchronous Receiver/Transmitter）是通用异步收发传输器的简称，
也通常被称为通用异步串行通信接口。它是目前比较常用的一种串行通信方式，主要用
于计算机和外部设备间的通信。

所谓串行通信是指数据在传输过程中是通过一位一位地进行传输来实现通信的，这
种通信方式具有传输线少，成本低等优点，但一般传输速度较慢。当然，由于传输速度
与距离成反比，所以这一缺点反而给串口的远距离通信带来了优势。

串口的引脚一般为 DB9 接口，即 9 针接口，其外观如图 5.25 所示。

图 5.25 DB9 的公头与母头接口

图 5.25 左边为串口公头，右边为串口母头。其引脚编号定义，公头是按照图中从左到右、从上到下的顺序依次从 1～9 编号；母头则刚刚相反，按照从右到左、从上到下的顺序依次从 1～9 编号，如图 5.26 所示。9 针引脚的具体功能定义见表 5.10。

图 5.26 引脚编号示意图

表 5.10 DB9 串口引脚定义

引脚号	引脚名	功能
1	CD	载波侦测（Carrier Detect）
2	RXD	接收数据（Receiver）
3	TXD	发送数据（Transmit）
4	DTR	数据终端准备（Data Termial Ready）
5	GND	接地线（Ground）
6	DSR	数据准备好（Data Set Ready）
7	RTS	请求发送（Request To Send）
8	CTS	清除发送（Clear To Send）
9	RI	振铃指示（Ring Indicator）

其中，最常用的只有 3 个引脚，即 RXD、TXD 和 GND，其他几个引脚都是作为握手信号使用，在通信中也可以不使用。

2. 串口的电气标准

串口根据电气标准及协议，可以分为 RS-232、RS-422、RS-485 等。其中 RS-232 是 PC 与工业控制应用中最为广泛的一种接口标准，被定义为低速串行通信中增加通信距离的单端标准，其数据采用单端传输，即所谓不平衡传输。而 RS-422、RS-485 采用所谓的平衡传输，即每个信号采用一对双绞线差分传输。

而 UART 包括了两种常见的电气标准，即 TTL 电平和 RS-232 电平。TTL 电平为 3.3 V 或 5 V，能直接兼容很多 3.3 V 的处理器，而 RS-232 则为负逻辑电平，其电平标准规定，+5～

+12 V 为低电平；-5 ~ -12 V 为高电平。PC 机的串口则采用的是 RS-232 电平标准，而一般的处理器数字信号输出为 5 V 或 3.3 V，这使得电平不兼容，无法正常实现通信。因此，为了实现负逻辑电平，往往需要在电路中通过转换电路实现电平过渡。

在常见的串口电平转换电路中，使用最多的是采用 MAX232 电平转换芯片，实现负逻辑电平转换，该芯片支持 3.3 V 或 5 V 的电平，常见电路如图 5.27 所示。

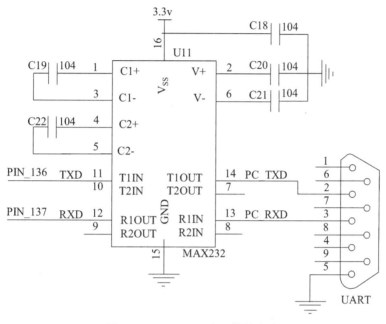

图 5.27　MAX232 电平转换电路

5.4.2　UART 通信协议

UART 串口通信协议非常简单，因为没有时钟同步，只需要 3 根线即可完成通信，即 RXD、TXD 和 GND，而且 RXD 和 TXD 是保持相互独立，通信时序完全一样。下面重点介绍 UART 通信数据帧结构，以及传输实现过程。

1. 数据帧格式

所谓数据帧是指 UART 在进行串行通信时，控制位和数据位组成的一组数据集合。其格式主要由起始位、数据位、奇偶校验位、停止位构成，如图 5.28 所示。

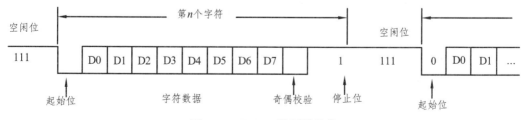

图 5.28　UART 数据帧结构

（1）起始位：先发出一个逻辑"0"的信号，表示传输字符的开始。

（2）数据位：指发送有效数据内容，通常可以设置为 5~8 位，低位在前，高位在后。

（3）奇偶校验位：在串口通信中一种简单的检错方式，有 4 种检错方式：偶、奇、高和低。当然没有校验位也是可以的。

（4）停止位：它是一个字符数据的结束标志，可以是 1 位、1.5 位、2 位的高电平。

（5）波特率：这是一个衡量通信速度的参数，它表示每秒钟传送的二进制位数。

2. 发送/接收时序

一个标准的 10 位（1 个起始位、1 个停止位和 8 个数据位）异步串行通信协议的发送和接收时序分别如图 5.29 和 5.30 所示。

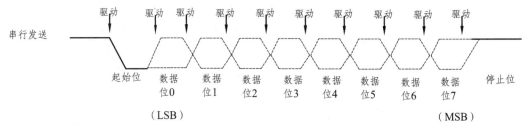

图 5.29　UART 发送时序

发送数据过程：空闲状态，线路处于高电位；当收到发送数据指令后，拉低线路一个数据位的时间 T，接着数据按低位到高位依次发送，数据发送完毕后，接着发送奇偶校验位和停止位（停止位为高电位），一帧数据发送结束。

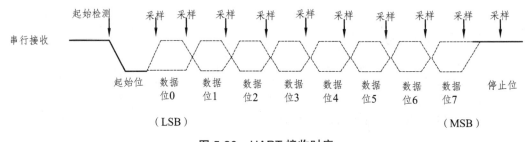

图 5.30　UART 接收时序

接收数据过程：空闲状态，线路处于高电位；当检测到线路的下降沿（线路电位由高电位变为低电位）时说明线路有数据传输，按照约定的波特率从低位到高位接收数据，数据接收完毕后，接着接收并比较奇偶校验位是否正确，如果正确则通知后续设备准备接收数据或存入缓存。

由于 UART 是异步传输，没有传输同步时钟。为了能保证数据传输的正确性，UART 采用 16 倍数据波特率的时钟进行采样。每个数据有 16 个时钟采样，取中间的采样值，以保证采样不会滑码或误码。一般 UART 一帧的数据位数为 8，这样即使每个数据有一个时钟的误差，接收端也能正确地采样到数据。

UART 的接收数据时序为：当检测到数据的下降沿时，表明线路上有数据进行传输，这时计数器 CNT 开始计数，当计数器为 24=16+8 时，采样的值为第 0 位数据；当计数器的值为 40 时，采样的值为第 1 位数据，以此类推，进行后面 6 个数据的采样。如果需要进行奇偶校验，则当计数器的值为 152 时，采样的值即为奇偶位；当计数器的值为 168 时，采样的值为"1"表示停止位，一帧数据接收完成。

5.4.3 UART 模块实现

1. 发送模块

根据 UART 的工作原理及发送时序，UART 数据发送模块实现过程比较简单，见【代码 5.17】。

【代码 5.17】UART 发送模块代码

```
1   module uart_tx(
2       clk,
3       rst_n,
4       bps_start,
5       clk_bps,
6       rs232_tx,
7       rx_data,
8       rx_int
9       );
10  input clk;
11  input rst_n;
12  input clk_bps;//中间采样点
13  input [7:0] rx_data;//接收数据寄存器
14  input rx_int;//数据接收中断信号
15  output rs232_tx;//发送数据信号
16  output bps_start;//发送信号置位
17  reg rx_int0,rx_int1,rx_int2;//信号寄存器,捕捉下降沿
18  wire neg_rx_int;    //下降沿标志
19
20  always @(posedge clk or negedge rst_n) begin
21   if(!rst_n) begin
22    rx_int0 <= 1'b0;
23    rx_int1 <= 1'b0;
```

```
24      rx_int2 <= 1'b0;
25    end
26    else begin
27      rx_int0 <= rx_int;
28      rx_int1 <= rx_int0;
29      rx_int2 <= rx_int1;
30    end
31  end
32
33  assign neg_rx_int = ~rx_int1 & rx_int2;//捕捉下沿
34
35  reg [7:0] tx_data;//待发送数据
36  reg bps_start_r;
37  reg tx_en;//发送信号使能,高有效
38  reg [3:0] num;
39
40  always @(posedge clk or negedge rst_n) begin
41    if(!rst_n) begin
42      bps_start_r <= 1'bz;
43      tx_en <= 1'b0;
44      tx_data <= 8'd0;
45    end
46    else if(neg_rx_int) begin//当检测到下沿的时候,数据开始传送
47      bps_start_r <= 1'b1;
48      tx_data <= rx_data;
49      tx_en <= 1'b1;
50    end
51    else if(num==4'd11) begin
52      bps_start_r <= 1'b0;
53      tx_en <= 1'b0;
54    end
55  end
56
57  assign bps_start = bps_start_r;
58
```

```
59    reg rs232_tx_r;
60    always @(posedge clk or negedge rst_n) begin
61     if(!rst_n) begin
62      num<=4'd0;
63      rs232_tx_r <= 1'b1;
64     end
65     else if(tx_en) begin
66      if(clk_bps) begin
67       num<=num+1'b1;
68       case(num)
69         4'd0: rs232_tx_r <= 1'b0;//起始位
70         4'd1: rs232_tx_r <= tx_data[0];//数据位开始
71         4'd2: rs232_tx_r <= tx_data[1];
72         4'd3: rs232_tx_r <= tx_data[2];
73         4'd4: rs232_tx_r <= tx_data[3];
74         4'd5: rs232_tx_r <= tx_data[4];
75         4'd6: rs232_tx_r <= tx_data[5];
76         4'd7: rs232_tx_r <= tx_data[6];
77         4'd8: rs232_tx_r <= tx_data[7];
78         4'd9: rs232_tx_r <= 1'b1;//数据结束位,1位
79         default: rs232_tx_r <= 1'b1;
80       endcase
81      end
82      else if(num==4'd11)
83          num<=4'd0;//发送完成,复位
84     end
85    end
86    assign rs232_tx =rs232_tx_r;
87   endmodule
```

2. 接收模块

【代码 5.18】UART 接收模块代码

```
1    module uart_rx(
2        clk,
3        rst_n,
```

```
4         bps_start,
5         clk_bps,
6         rs232_rx,
7         rx_data,
8         rx_int,
9         led
10        );
11   input clk;    //时钟
12   input rst_n;  //复位
13   input rs232_rx; //接收数据信号
14   input clk_bps;  //高电平时为接收信号中间采样点
15   output bps_start; //接收信号时,波特率时钟信号置位
16   output [7:0] rx_data;//接收数据寄存器
17   output rx_int;  //接收数据中断信号,接收过程中为高
18   output [7:0] led;
19   reg [7:0] led;
20   reg rs232_rx0,rs232_rx1,rs232_rx2,rs232_rx3;//接收数据寄存器
21   wire neg_rs232_rx;//表示数据线接收到下沿
22
23   always @(posedge clk or negedge rst_n) begin
24    if(!rst_n) begin
25     rs232_rx0 <= 1'b0;
26     rs232_rx1 <= 1'b0;
27     rs232_rx2 <= 1'b0;
28     rs232_rx3 <= 1'b0;
29    end
30
31    else begin
32     rs232_rx0 <= rs232_rx;
33     rs232_rx1 <= rs232_rx0;
34     rs232_rx2 <= rs232_rx1;
35     rs232_rx3 <= rs232_rx2;
36    end
37   end
38   assign neg_rs232_rx = rs232_rx3 & rs232_rx2 & ~rs232_rx1
```

```
   & ~rs232_rx0;//串口传输线的下沿标志
39  reg bps_start_r;
40  reg [3:0] num;//移位次数
41  reg rx_int;   //接收中断信号
42
43  always @(posedge clk or negedge rst_n)
44   if(!rst_n) begin
45    bps_start_r <=1'bz;
46    rx_int <= 1'b0;
47   end
48   else if(neg_rs232_rx) begin//
49    bps_start_r <= 1'b1;  //启动串口,准备接收数据
50    rx_int <= 1'b1;    //接收数据中断使能
51   end
52   else if(num==4'd12) begin //接收完有用的信号,
53    bps_start_r <=1'b0;  //接收完毕,改变波特率置位,方便下次接收
54    rx_int <= 1'b0;    //接收信号关闭
55   end
56
57   assign bps_start = bps_start_r;
58
59   reg [7:0] rx_data_r;//串口数据寄存器
60   reg [7:0] rx_temp_data;//当前数据寄存器
61
62   always @(posedge clk or negedge rst_n)
63    if(!rst_n) begin
64      rx_temp_data <= 8'd0;
65      num <= 4'd0;
66      rx_data_r <= 8'd0;
67    end
68    else if(rx_int) begin //接收数据处理
69     if(clk_bps) begin
70      num <= num+1'b1;
71      case(num)
72        4'd1: rx_temp_data[0] <= rs232_rx;
```

```
73        4'd2: rx_temp_data[1] <= rs232_rx;
74        4'd3: rx_temp_data[2] <= rs232_rx;
75        4'd4: rx_temp_data[3] <= rs232_rx;
76        4'd5: rx_temp_data[4] <= rs232_rx;
77        4'd6: rx_temp_data[5] <= rs232_rx;
78        4'd7: rx_temp_data[6] <= rs232_rx;
79        4'd8: rx_temp_data[7] <= rs232_rx;
80        default: ;
81      endcase
82      led <= rx_temp_data;
83      end
84      else if(num==4'd12) begin
85       num <= 4'd0;    //数据接收完毕
86       rx_data_r <= rx_temp_data;
87       end
88     end
89   assign rx_data = rx_data_r;
90   endmodule
```

3. 接收波特率产生模块

【代码 5.19】接收波特率产生模块

```
1    module speed_select_rx(clk,rst_n,bps_start,clk_bps);
//波特率设定
2    input clk;   //50M 时钟
3    input rst_n;  //复位信号
4    input bps_start; //接收到信号以后,波特率时钟信号置位,
当接收到 uart_rx 传来的信号以后,模块开始运行
5    output clk_bps; //接收数据中间采样点,
6
7    // `define BPS_PARA 5207;//9600 波特率分频计数值
8    // `define BPS_PARA_2 2603;//计数一半时采样
9
10   reg[12:0] cnt;//分频计数器
11   reg clk_bps_r;//波特率时钟寄存器
12
```

```
13   reg[2:0] uart_ctrl;//波特率选择寄存器
14
15   always @(posedge clk or negedge rst_n)
16    if(!rst_n)
17     cnt<=13'd0;
18    else if((cnt==5207)|| !bps_start)//判断计数是否达到1个脉宽
19     cnt<=13'd0;
20    else
21     cnt<=cnt+1'b1;//波特率时钟启动
22
23   always @(posedge clk or negedge rst_n) begin
24    if(!rst_n)
25     clk_bps_r<=1'b0;
26    else if(cnt== 2603)//当波特率计数到一半时,进行采样存储
27     clk_bps_r<=1'b1;
28    else
29     clk_bps_r<=1'b0;
30   end
31   assign clk_bps = clk_bps_r;//将采样数据输出给 uart_rx 模块
32  endmodule
```

4. 发送波特率产生模块

【代码 5.20】发送波特率产生模块

```
1   module speed_select_tx(clk,rst_n,bps_start,clk_bps);
//波特率设定
2   input clk;   //50M时钟
3   input rst_n;  //复位信号
4   input bps_start; //接收到信号以后,波特率时钟信号置位,
当接收到 uart_rx 传来的信号以后,模块开始运行
5   output clk_bps; //接收数据中间采样点,
6
7   // `define BPS_PARA 5207;//9600波特率分频计数值
8   // `define BPS_PARA_2 2603;//计数一半时采样
9
10  reg[12:0] cnt;//分频计数器
```

```
11   reg clk_bps_r;//波特率时钟寄存器

12

13   reg[2:0] uart_ctrl;//波特率选择寄存器

14

15   always @(posedge clk or negedge rst_n)
16    if(!rst_n)
17     cnt<=13'd0;
18    else if((cnt==5207)|| !bps_start)//判断计数是否达到1个脉宽
19     cnt<=13'd0;
20    else
21     cnt<=cnt+1'b1;//波特率时钟启动

22

23   always @(posedge clk or negedge rst_n) begin
24    if(!rst_n)
25     clk_bps_r<=1'b0;
26    else if(cnt== 2603)//当波特率计数到一半时,进行采样存储
27     clk_bps_r<=1'b1;
28    else
29     clk_bps_r<=1'b0;
30   end
31   assign clk_bps = clk_bps_r;//将采样数据输出给 uart_rx 模块
32   endmodule
```

5. 顶层模块

【代码 5.21】URAT 顶层模块代码

```
1    module uart_top(clk,,rst_n,rs232_rx,rs232_tx,led);
2    input clk;     //时钟信号 50M
3    input rst_n;    //复位信号,低有效
4    input rs232_rx;  //数据输入信号
5    output rs232_tx;  //数据输出信号
6    output [7:0] led;

7

8    wire bps_start1,bps_start2;//
9    wire clk_bps1,clk_bps2;
```

```
10   wire [7:0] rx_data;     //接收数据存储器,用来存储接收到的数据,
                             直到下一个数据接收
11   wire rx_int;         //接收数据中断信号,接收过程中一直为高,
12
13   speed_select_rx     speed_rx(         //数据接收波特率选择模块
14                               .clk(clk),
15                               .rst_n(rst_n),
16                               .bps_start(bps_start1),
17                               .clk_bps(clk_bps1)
18                                 );
19
20   uart_rx    uart_rx(                      //数据接收模块
21                     .clk(clk),
22                     .rst_n(rst_n),
23                     .bps_start(bps_start1),
24                     .clk_bps(clk_bps1),
25                     .rs232_rx(rs232_rx),
26                     .rx_data(rx_data),
27                     .rx_int(rx_int),
28                     .led(led)
29                       );
30   speed_select_tx  speed_tx(          //数据发送波特率控制模块
31                             .clk(clk),
32                             .rst_n(rst_n),
33                             .bps_start(bps_start2),
34                             .clk_bps(clk_bps2)
35                               );
36
37   uart_tx    uart_tx(
38                     .clk(clk),
39                     .rst_n(rst_n),
40                     .bps_start(bps_start2),
41                     .clk_bps(clk_bps2),
42                     .rs232_tx(rs232_tx),
43                     .rx_data(rx_data),
```

```
44                        .rx_int(rx_int)
45                        );
46 endmodule
```

参考文献

[1] 何宾. EDA 原理及 VHDL 实现——从晶体管、门电路到 Xilinx Vivado 的数字系统设计[M]. 北京：清华大学出版社，2016.

[2] 卢有亮. Xilinx FPGA 原理与实践——基于 Vivado 和 Verilog HDL[M]. 北京：机械工业出版社，2018.

[3] 何宾. Xilinx Vivado 数字设计权威指南[M]. 北京：电子工业出版社，2019.

[4] 高亚军. Vivado 从此开始[M]. 北京：电子工业出版社，2020.